共に暮らすためのやさしい提案

猫語の教科書

"NEKO-GO" NO KYOKASHO

池田書店

もくじ *CONTENTS*

第 *4* 章
楽しく快適に暮らすコツ

第 *5* 章
いとしのネコの健康管理

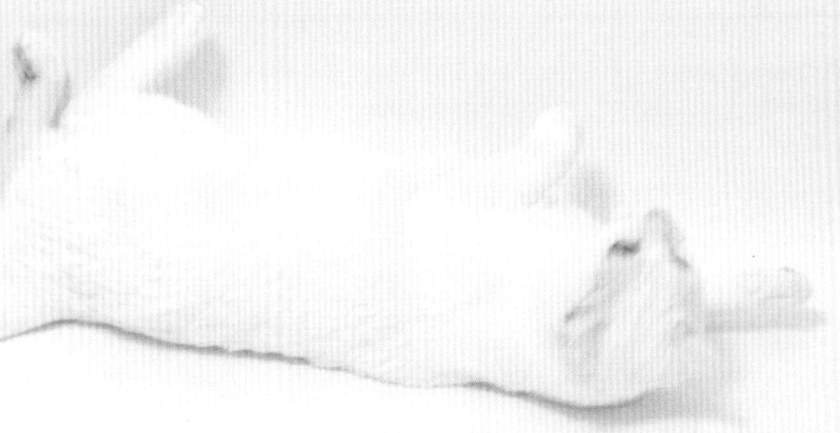

第 *6* 章
もっと知りたいネコのこと

COLUMN ネコと暮らせば

はじめに

～監修者より～

私はいつもネコと素敵な時間を過ごしたいと考えています。しかもネコからアドバイスも貰いながら。ネコ自身何を考え何を望んでいるのか、ネコはそれをいつも人に向けて発信し続けているのです。

それは、身ぶりや行動、鳴き声による「猫語」という形で発信され、その猫語を理解することで、人とネコとの絆は深まります。「ネコが喜ぶのであれば」という前提で、ネコと幸せに暮らしたい人に向けて、かれらを理解するための秘策をアドバイスし、より楽しい生活を提案していこうというのがこの本のねらいです。

ネコを知るのは簡単なことではありません。ネコにもそれぞれ性格の違いや能力の違いがあり、単純に教科書どおりにはいかないことを知るのが本当の始まりです。

私たちはマニュアルを作ってそれに従い、それが正当だとする癖があります。それこそネコにとっては傍迷惑《はためいわく》な話し。人と暮らすネコには民族学的要素も加わり、生活習慣から食習慣まで、飼い主である私たちの暮らしに密着しています。まずはこの魅力的な相手を理解すること。そうしてネコと素敵な時間が作られていくのです。

野澤延行

この本に登場する、白ネコのシャロン（メス・3歳）。4匹兄弟とともに岐阜県で生まれ、現在は東京のマンションで、この本にも登場する飼い主さんと共に暮しています。名前は母ネコ・シャーロット（絵本Charlotte's Webにちなんで名付けた）から命名。

#1

第1章
はじめてネコと暮らす

はじめまして

Nice to meet you !

**これからいっしょに暮らす新しい家族として
ネコを気持ちよく迎え入れてあげる準備をしましょう**

ようこそわが家へ

うちにネコがやってくることになりました。こんなかわいいヤツです。

ちっちゃくて、ほわほわの毛のかたまりです。だっこすると、心臓がトコトコすごい早さで動いています。こっちもわくわくドキドキだけど、ネコのほうも、「ここはどんなウチなの？」とドキドキしているのかもしれません――。

縁あってネコと出会い、わが家で飼うことになったら、まずはそんなときめきからコトは始まります。

ネコとの出会いにはさまざまなケースがありますが、ネコが好きとか嫌いとかは関係なく、これはもう縁とよぶほかはないものです。ペットショップで一目惚れしたり、ネコ好きの人から「もらって」と頼まれたり、ひょんなことから里親の縁組みが決まったり……。公園のすみで鳴いている捨てネコを拾ったとか、ノラの子ネコと目が合ってしまい、放っておけずに連れ帰ってしまったというケースもいまだに多いでしょう。

出会いのかたちはいろいろでも、飼うと決めたらネコはもう新しい家族の一員です。なにしろ、あったかい毛の生えたやんちゃな生きものがわが家に入り込むのですから、ネコにも人にも、なるべくストレスをかけずに、心地よく生活が始められるよう、迎え入れる準備をしておきましょう。

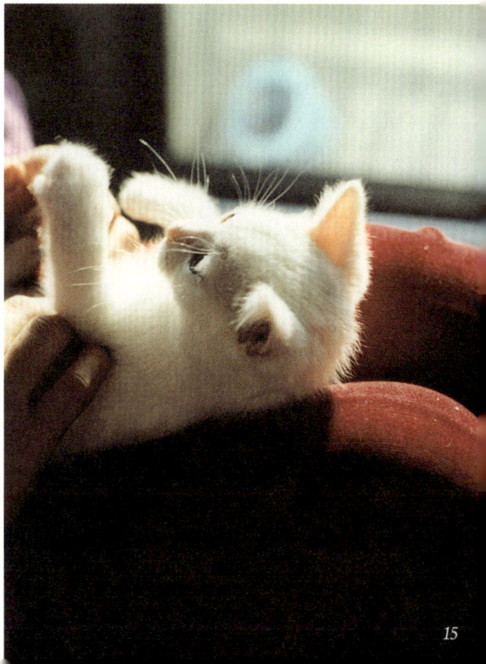

ネコも、新しい環境には不安がいっぱい。大きな声や物音で怖がらせないよう、初日はとくに注意しましょう。

飼い主になる条件

ネコは誰にでも飼うことができます。

しかし、ネコを自分の思いどおりにすることは誰にもできません。「けっして飼い主のご都合どおりにはならない」のがネコであり、ネコとの暮らしなのです。

飼い主というと主人のようで偉くなった気がするかもしれませんが、ネコは主人を必要としません。イヌと違って主従関係にはハナから興味がないのです。

だから、ネコを飼うとき「私がご主人様だ」とか「自分が好きにできる子分ができた」などと思わないこと。初めて飼う人にもいずれわかりますが、ネコと暮らすことは、飼い主という名の「従者」「世話人」、あるいは「奴隷」となることとほぼ同意だと思っておけばまちがいありません。

さて、誰にでも飼えるということは、誰でもネコの飼い主になる資格があるわけですが、念のため、飼い主になる最低限の条件をあげておきましょう。

◆食事の世話ができること
◆トイレの世話ができること
◆ネコとすごす時間が持てること
◆ネコが安心して寝る空間と遊ぶ空間を確保できること

ネコに向ける時間的・経済的な余裕があり、これら4つの面倒を見ることができるなら、とりあえず飼い主の条件は満たされます。

子ネコのうちは何にでも興味を持って好き放題。
あれこれ振り回されることも、飼い主の特権であり楽しみなのです。

「ネコとすごす時間」がどんどん愛おしく感じる頃、いつの間にかネコが生活の一部になっていることに気づくでしょう。

迎え入れる準備

飼い主になる条件で３つめにあげた「ネコとすごす時間が持てること」というのは、「世話」するだけでなく、ちゃんと人とネコとしてふれあう時間が持てるかどうかということです。

せっかくネコと暮らすのですから、ネコとふれあい、会話し、喜ばせてもらったりひどい目にあったりしながら、この愛すべき動物と時間を共有する幸福を人生の一時期にちゃんと刻みましょう——ということ。これは、ネコがのびのびと健康に暮らすためにも大事なことです。

迎え入れの準備としては、第一に食事、トイレ、寝床というすぐ必要になるものをあらかじめ準備しておくことが肝心。

第二に、家族や飼い主本人がネコと接する際のルールを決めておくこと。たとえば、荒らされては困る部屋があれば、本人の責任で出入り口を管理して、ネコのせいにしない。ごはんを勝手な時間にあげない（食事をあげる係を決めておく）。一緒に寝るために取り合いをしない（寝場所はネコに決めさせる）など。

第三には、生活の変化を前向きに楽しむ意識を持つこと。ネコを家に迎えることは、じつは“わが家をネコに乗っ取られる”ことだったりします。そこを承知したうえで、「どんな変化も楽しむ」という心がまえでネコとの暮らしに入りましょう。

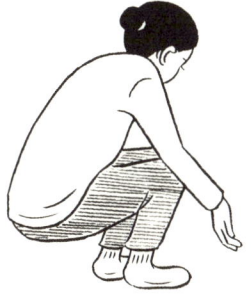

こんなに不安げなちびちゃんでも束縛されるのはきらい。
でも母ネコのような愛情あるしつけなら受け入れます。

最初のしつけ

The first upbringing

**これから共に楽しく暮らしていくためには
ネコと飼い主のいくつかの決めごとが必要です**

猫語に「従順」はありません

ネコは制約されることをきらいます。飼い主が規則を押しつけようとしたり、あれこれ行儀をしつけようとしても、まず言うことをきいてくれません。

それは、もらわれてきたばかりの子ネコも、何年も人に飼われてきた大人のネコも同じです。

よく「ネコは独立心が強く、自由を好む動物だ」といいますが、つまりは、大昔から猫語の辞書に「従順」や「服従」ということばはなく、束縛されずに自由気ままに日々すごし、自分がしたいとき、したいように行動する——そういう習性を持った動物だということです。

それでも、人と暮らすことはきらいではありません。ネコ特有ののんびり志向の遺伝子は、食べものと寝場所が保証されるイエネコとして人に飼われてきた歴史が作ったものですから、人を頼ることもあれば、飼い主への信頼や愛情を全身で示してくれることもあります。

ネコのしつけも、そこを上手に突いてやることで可能になります。しつけに必要なのは、命令口調で服従させることではなく、「一緒に暮らすのだから、お互い相手がいやがったり困ったりすることはしないようにしようね」という協調と歩み寄りの精神です。

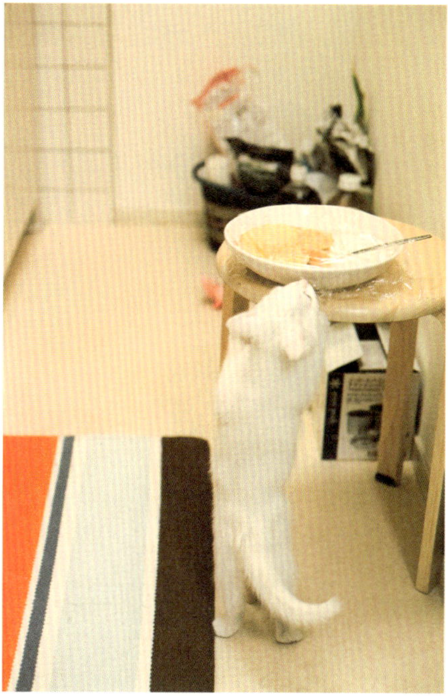

「したいときに、したいことをする」のは野性の本能が残っている証拠。ネコのしつけは根気よく、我慢強くやりましょう。

子ネコがやりがちな「コードかみ」。歯ごたえがいいのかガシガシかんでやっつけようとします。
束ねてカバーをかけるなど、なるべく表に出さない工夫を。

トイレとツメ研ぎ対策を優先

トイレのしつけは、最初は何度か粗相されるのが当たり前くらいに考えておくと気がラクですが、ネコは通常、わりと簡単にトイレを覚えてくれます。浅めの箱にペット用トイレ砂を入れて、比較的静かな場所に置いておくと、初めてでもちゃんとそこで用を足してくれることが多いのです。家に来た初日は、ネコの様子をよく観察しましょう。床に鼻をつけるようにしてさかんに匂いを嗅ぎまわり、ソワソワし始めたらトイレのサインなので、すぐトイレが置いてある場所へ誘導してやります（子ネコなら砂の上に乗せてやる）。もらってきたネコなら、トイレに使っていた砂を少しわけてもらい、新しいトイレに混ぜておくと、なおスムーズに用を足します。使用後はすぐ掃除をして清潔を保つようにしましょう。

ツメ研ぎはネコの習性で、においを付けてなわばりを示すマーキングの意味もあるので、放っておくとそこら中でツメ研ぎが始まります。対策にはあらかじめ専用のツメ研ぎ板を用意しておき、ネコが妙な場所でツメ研ぎのそぶりを見せたら、「だめ」と注意してツメ研ぎ板に連れていき、「ここでしてね」と前足を乗せてやりましょう。屋外では針葉樹の木でもよくツメ研ぎします。

好奇心旺盛なのは健康な証拠。危ない場所や入ってほしくない場所を放っておいて何か起きたら、飼い主の責任と心得えましょう。

子ネコのいたずらをしつけで防ぐのはほぼ不可能。どうしても困るときは、市販のいたずら防止スプレーもある程度効果があります。

安心できる場所ならどこ
でも寝てしまうのがネコ。
あったかくてやわらかい
腕の中も好き。

寝床の用意

Preparation of a bed

**寝てばかりいる「寝子」からネコの呼び名が付いたとか
安心して眠れる場所を作ってあげましょう**

寝床ではじゃまをしない

「ああまた寝ちゃった……」。ネコと暮らし始めると、まあよく寝るものだと最初は呆れるかもしれません。ネコは１日平均16～17時間寝るといわれ、生後３か月未満の子ネコだと20時間以上寝ていることもあります。

といっても大半は眠りの浅いうたた寝状態で、物音や光などの刺激を感じれば、すぐに起きて反応できるのが特徴です。深い眠りに入って熟睡するのは４～６時間で、とくにこの時間はじゃまをせず、安心して寝かせてやることが大事です。

ネコは放っておいても好きな場所で寝ますが、専用の寝床を必ず用意してやりましょう。市販のネコベッドでも、段ボールに毛布やタオルを敷いたものでもかまいません。いくつか用意してやるとネコ自身が気に入った寝床を選んで寝ます。

置き場所は、静かでにおいや照明などの刺激の少ないところを選び、家族が多い家では人の出入りの多い場所は避けます。ネコの平和な寝姿はたまらないものですが、人がちょっかいを出してはネコも熟睡タイムがとれずにストレスがたまります。家族間で、「ネコが専用の寝床にいるときはじゃまをしない」というルールを作っておきましょう。

ぬくぬくで体がすっぽりおさまるベッドがお好み。
においや寝心地を自分でチェックして選びます。

遊びのじかん

Time to play

遊ぶのもネコの大事なしごと？
いっしょに遊んでやることでネコとの絆も深まります

遊びは狩りのトレーニング

ＥＡＴ（くう）・ＮＡＰ（ねる）・ＰＬＡＹ（あそぶ）。文字盤にこの３つがランダムに並んでいるだけのネコ型腕時計のことを、作家・村上春樹氏がエッセイに書いていました。アメリカで暮らしていたとき雑誌広告を見て入手し、お気に入りの時計だったそうです。

「くう・ねる・あそぶ」で１日はおしまい——まさにこれがネコのライフスタイルで、お気楽なことこの上なし。でもネコにとっては遊びも大事な日課なのです。

とくに１歳未満の若いネコは、「いったい何がそんなに楽しいの」と思うくらいよく遊びます。ひとりでいても自分のしっぽを追っかけたり、ボールやおもちゃを相手に遊びますが、飼い主が相手をすればなおさら大はりきり。ぜひ１日１回はいっしょに遊ぶ時間を作りましょう。

ネコは動くものがとにかく気になり、じっとしていられません。これは狩猟動物であるネコ本来の習性で、遊びは獲物をとる動きの練習であり、「狩り」の疑似体験にもなっているのです。

跳んで転んで、ひっくり返ってしっぽをかみかみ。ひとり遊びに夢中の子ネコのかわいさといったら……。

ハンガーの妙な動きにうずうず。飼い主さんの手元が気になってしょうがない子ネコのシャロンです。

遊びでもワクワクさせて

狩りの技術を身につけることは、ネコが単独で生きてくためには不可欠のことでした。その本能にしたがって、若いネコは、動くものを追う、狙う、忍び寄る、飛びつく、上から襲うなど、狩りの疑似体験的な遊びに夢中でトライします。

飼い主もそこをふまえ、狩りのようなドキドキワクワク感を味わえるように遊びにもひと工夫してやりましょう。

じゃらし玩具の動きも、スズメ風、子ネズミ風、トカゲ風などいろいろパターンを変えてみたり、ゴムボールやひもに付けた人形、カサカサ音がするおもちゃを使うなど、いろいろ趣向を変えて遊んでやると喜びます。おもちゃは手作りのものでも十分遊べます。

ネコは面白い動きを見逃しません。窓をはうテントウムシも、窓ふきの雑巾もすぐターゲットになり、前足でちょっかいを出し始めます。

おもちゃでさんざん遊んだら、最後はネコに渡して好きなようにさせ、獲物を捕らえた達成感を味わわせてやりましょう。ネコはそれで納得し、遊びも完結します。

「ムッ アンナトコロニ！」

「カクゴシロ！ アレ？」

「ツカメナイニャ」

手鏡で日光をかべに反射させて動かすだけでも、ネコは必死で追いかけて遊びます。
見てください、この「本気」の目。

お気に入り

My favorite

**なぜか好きでしょうがないヘンな場所
狭いところや高いところが２大人気**

どうしても入りたくなる

「あれ？　いないなあ」。ネコを飼い始めると、ネコの姿が家のどこにも見えなくなるときがきっとやってきます。寝床にも昼寝用のソファにも、ベッドの下にもいない、外に出るはずはないのに……。

そんなときは、「箱もの」「袋もの」「狭いすきま」「高いところ」を探してみましょう。なにしろ、まさかと思うような場所にネコは入り込みます。

そして、入ってみて「妙に落ち着く」「安心する」と感じると、そこはネコのお気に入りリストに加えられ、飼い主に叱られたり呆れられたりしても、いつかまた入り込むことになります。

紙袋でも、靴箱でも、土鍋の中でも、体がすっぽり収まって外の世界から遮断される場所は、ネコにとって心地いいものなのです。これもネコ本来の習性で、単独行動をする野生のネコは、外敵に存在を知られないようにして休息をとる必要があったため、狭い場所に身を隠すのはその名残といわれています。

買ってきた靴を出して、そのままにしていた空き箱。おいおい、そんな狭いところに体が入りきるわけないでしょ、と見る間もなく……。

入っちゃいました、詰め物まで出して。身動きとれずに満足げです。そんなに狭いところが好きとはね。

わざわざそんな不安定な場所に立たなくても、と思うのは人間の感覚。
この落ち着きはらった顔はどうです。

見張り台からじっと

狭い場所とともに、ネコが大好きなのが「高いところ」。ふと、見下ろされているような視線を感じて振り向くと、本棚のてっぺんからネコがじいっと見ていた、なんていう経験はネコ歴が長い人ならみな持っているでしょう。

本棚や食器棚、タンスの上、梁《はり》やカーテンレールの上など、人の手の及ばぬ場所に陣取ったネコは、その表情もどことなく優越感をたたえて見えます。

それもそのはずで、ネコの世界では高いところに位置取ったネコのほうが優位とされるのです。たとえば、なわばり争いでケンカになりそうなとき、強いネコは高い位置に立って威嚇し、弱いネコは体を低くし、地面に寝転んでしまうこともあります。寝転んで相手におなかを見せると負けを認めたことになり、それ以上攻撃しないという暗黙のルールもあります。また、形勢不利だったネコが相手より高いところへ移動すると、優劣の立場が逆転することもあります。

野生のとき単独で狩りをしたネコは、木の上に登ることで外敵から身を守り、また樹上に身を隠しつつ獲物を見張るという行動をしたようです。高いところは安全な見張り台になり、ここにいれば敵は来なく、ずっと安心なことをネコは知っています。そして身軽に高いところへ登れる自分の姿もアピールしたいのです。

本棚の上というのは、ネコのお気に入りの場所としてけっこう定番。部屋全体を見渡すことができて嬉しいのかも。左は木登り用の手作りタワー。

おひるね

Taking a nap

のんびり気ままなネコライフの象徴がおひるね
好きなとき好きな場所で、今日もクークー

元をたどれば体力の温存

“くう・ねる・あそぶ”で一日の大半が終わり、あとはまあ気が向いたら毛づくろいやツメ研ぎをしたり、飼い主の仕事のじゃまをしたり、ぼーっと外を眺めたりして、おしまい。

忙しい人間から見ればなんとも羨ましい日常で、とくに好きなだけ昼寝をしている姿を見るたびに、「いつかネコに生まれ変わりたい」と思う人もいるでしょう。でも、寝ることはネコにとっては大事な仕事でもあったのです。

ネコの直接の先祖は単独で狩りをするヤマネコで、エサを獲るために体力を温存しておく必要がありました。獲物が獲れなければ飢え死にしてしまうので、必殺の狩りのためにできるだけエネルギーをとっておくわけです。だから、狩り以外のふだんの時間は安全な場所でじっとして、よけいなエネルギー消費を抑えるようにしていたのです。

やがてイエネコとして人に飼われるようになり、狩りの必要はなくなりました。しかしその習性はしっかり残って、１日の大半を横になってすごすというお気楽なスタイルができあがったのです。

昼寝好きといっても、本当に眠くて寝ているのはごく一部の時間です。あとはすることがないからとか、退屈だから寝ているというのが実情のよう。でもネコにとっては、それも大事な生活リズムなのです。

ネコといっしょのお昼寝は飼い主のあこがれ。お互いのにおいに包まれて、平和な時間が流れます。

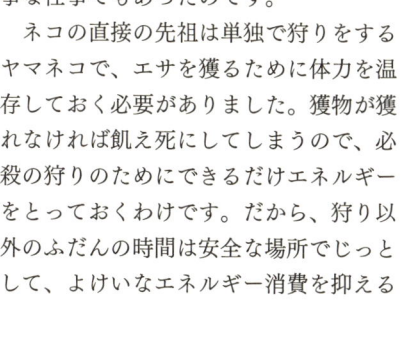

先に目覚めた子ネコが起こしにきました。
寝ているときまとわりついてくる子ネコの感触も、けっこう至福です。

寝姿でわかる安心度

お昼寝中の寝姿もいろいろです。両足をおなかの下に敷く香箱型。まん丸くなって寝るアンモナイト型。横に手足を投げ出す横寝型。両手を上げておなか丸出しのバンザイ型なんていうのもあります。

こうした寝姿にもネコの安心度が表れます。香箱型は前足をたたんでいるとはいえ、何かあれば反応しやすい体勢で、完全に気を緩めてはいないうたた寝状態のときが多いのです。バンザイ型など仰向けに無防備に寝て、急所であるノドやおなかを丸出しにしていれば、環境に安心しきっている証拠。飼い主との関係も良好と考えてよさそうです。

日を浴びながらおなか全開のバンザイ型でお昼寝中。
おなかをさわりたくなっても、ここはガマンして寝かせておいてやりましょう。

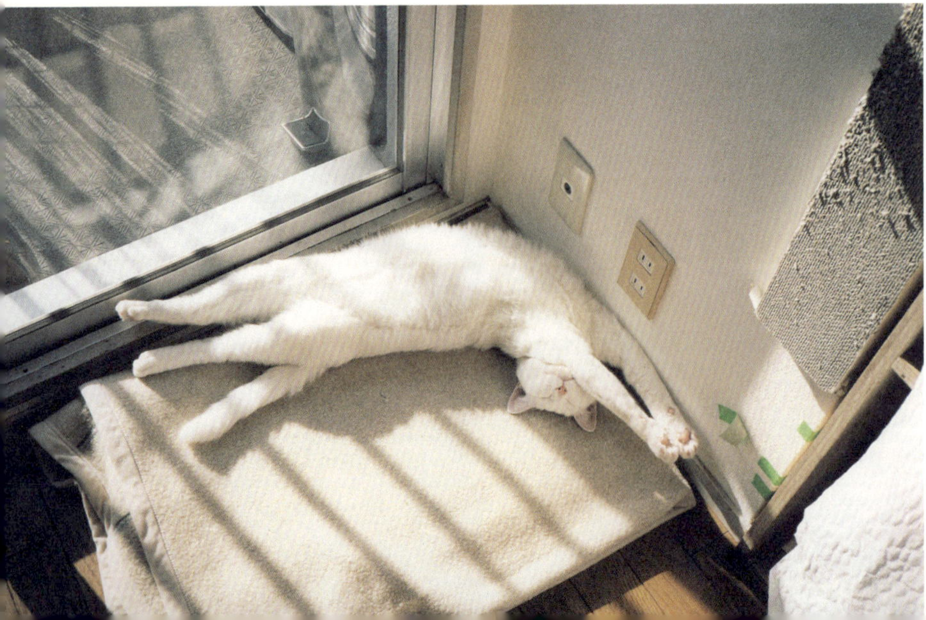

ごはんだよ

Time for a meal

**ネコのお楽しみはなんといってもごはん
しっかりおいしく食べることが健康維持につながります**

食欲は味よりもにおいで

ネコのごはんといえば、昔は人の食事の余りもので適当に作る「ねこまんま」が普通でした。いまは市販のキャットフードが主体で、素材から食感まで豊富な種類から選べるようになりました。スーパーなどのペットフード売り場には何十種類も並んでいて、どれもよさそうに見えますが、ネコが食べてくれないことには話になりません。初めてネコにあげるときは数種類を試し、最も好んで食べるものに決めていけばいいでしょう。ちなみにネコは、動物の中ではかなり味にうるさいほう。とくににおいに敏感で、においがお気に召さなければ口もつけません。味よりも、まずにおいで食べるかどうかを判断しているのです。

ネコ用食器は底が浅めで安定感のあるものを選びます。新鮮な水もたっぷり用意しましょう。
食欲はにおいがカギなので、食事を少し温めてやるとにおいが立ってよく食べるようになることがあります。

シャロンはきれいに完食。食欲旺盛な若いネコは1日に何度も食べたがりますが、
通常は1日3、4回に分けてごはんをあげましょう。成ネコなら1日2回でも大丈夫です。

主食には「総合栄養食」を

キャットフードには、大きく分けて乾燥タイプのドライフード（通称カリカリ）と、ウエットタイプの缶詰（通称ネコ缶）やパックのものがあります。最近ではスープ仕立て、やわらかゼリー仕立てなどさまざまな種類が登場し、容器も缶以外のバリエーションが増えてきました。

さてどれを選ぶかですが、ネコの健康を考えたときの一つの目安となるのが袋や容器に記載されている分類表示です。

通常、商品表示のところには「総合栄養食」か「一般食」のいずれかが明記されています。「総合栄養食」とは、ネコの成長や健康維持に必要とされる栄養素がすべて含まれているしるし（ペットフード業界の基準）で、毎日の主食として与えることができ、水と一緒にあげていれば栄養障害になる心配は少ないもの。「一般食」は、副食やおやつには適しても、これだけ食べていると栄養不足になったり、栄養に偏りが出る可能性があるもの。ネコがよく食べても「一般食」は主食には不向きと心得て、「総合栄養食」と一緒に食べさせるようにしましょう。

食生活にもっと喜びを

ネコにとって食べることは喜びであり、人間同様、ネコもおいしいものを食べたときは幸福感を味わうそうです。

決まった一種類のキャットフードしか与えない飼い主さんもいますが、ネコも毎日毎日同じものばかり食べていたら飽きてしまうでしょう。狩りができないネコは飼い主から与えられた食事を食べるしかないわけですから、不満があっても仕方なく食べているのかもしれません。

もっとも、いつも満足げに食べていたキャットフードをある日急に食べなくなることもあり、これなどは「もう飽きたにゃー」という抗議なのかも。ネコもときどきは違うものを食べたいし、変化があったほうが嬉しいはずです。ときには新鮮な刺身や鶏のササミでもあげてみると、「こんなうまいものがあったの！」とばかり、ウニャウニャと声まで上げて大喜びで食べるものなのです。

人間用の食べものをあげる際に注意したいのは、調理された味の濃いものは避けること。塩分や調味料、添加物はネコの体には毒です。人にとって美味なものより、新鮮な素材のままあげたほうがネコにとっては幸せなのです。

いつも同じ食事に固定せず、ときどき変化をつけてあげましょう。
おいしいごはんを食べたあとは食後の毛づくろいも、いつもより念入りです。

キャットフードいろいろ

栄養バランスのよい
ドライタイプ

カリカリとも呼ばれるドライフード。水分は8～12％以下で保存がきき、最も手軽に与えられるフード。加工品なので栄養バランスがよい反面、添加物も多め。水を添えるのを忘れずに。

素材もいろいろ
ウエットタイプ

魚や肉類の素材感を残したフード。各種の魚、チキン、牛肉、野菜を加えたものなど種類が豊富で見た目も食欲をそそる。缶詰のほかプラスチック容器入りのものも増えている。

老齢ネコにもやさしい
スープタイプ

魚、肉を野菜などと煮込んでスープ仕立てにしたフード。毎日の主食にはならないが、ネコの食欲がないときや噛む力の衰えた老齢ネコに便利。少し温めてやるとさらに食欲を増す。

ときどきごほうびに
おやつタイプ

しつけやごほうびとして、ときどきおやつをあげると喜ぶもの。写真はパック入りの焼きかつお。あくまで副食で主食にはしない。乾燥魚貝は塩分の低いものを選ぶこと。

※一日に与える食事の量の大まかな目安として、成ネコならそのネコの頭の大きさ、3か月までの子ネコなら頭の大きさの1.5倍まで、と覚えておきましょう。

毛づくろい

Grooming

自分で毛づくろいをするのはネコの特徴
きれい好きなだけでなくいろいろな意味があります

きれいにしてリラックス

自分のネコがのんびり毛づくろいをしている姿を見るのは、なんとも心和むものです。毎日まめに毛づくろいをするのはネコの大きな特徴で、おかげで体毛はいつもきれいに整い、体もほとんど汚れません。ネコの体に鼻先をうずめてもいやな体臭を感じることはまずなく、「ネコはいつも日なたのにおい」と表現する人もいます。

毛づくろいするのは、体についた汚れやにおいを取り、他の動物から存在をさとられないようにする狩猟動物の習性が残っているためといわれています。

同時に、古くなった毛や皮膚細胞を取り除き、舌のマッサージ効果で血行をよくすることで健康にも役立っています。

このマッサージは、ネコの副交感神経を刺激して、リラックスするという効果もあります。ネコを見ていると、毛づくろいを始めるのは食事のあとや、日なたぼっこ中、昼寝の前後など、基本的に気分が落ち着いているときですが、毛づくろいをするとますますリラックス効果があるわけです。子ネコのとき母ネコの舌で毛づくろいしてもらった甘い記憶もよみがえるのでしょう。

毛づくろいの終盤、いかにも気持ちよさそうな満足顔でペロリペロリと仕上げに入ります。ネコはただ清潔好きなだけでなく、そうしたリラックスタイムを満喫しているのです。

顔から背中、おなか、両足と長い舌で器用にセルフ・グルーミング。お尻や指の間まで徹底的になめることもあります。この顔はそろそろ仕上げの段階かな？

「照れ隠しの毛づくろい」って？

のんびりしているときの毛づくろいとは別に、遊んでいる途中でジャンプに失敗したり、何かドジをして飼い主に注意されたときなど、不意に毛づくろいを始めることがあります。ネコを長く飼っている人には「照れ隠しの毛づくろい」とか「ごまかしのペロペロ」などと呼ばれる、おなじみの行動です。

これはネコが当惑したときや、何か失敗してカッコ悪い思いをしたとき、気持ちを落ち着かせるために出る行動で、動揺したときについ出てしまうクセのようなもの。専門的には「転移行動」と呼ばれたりしています。

ほかにも、たとえばケンカになって2頭とも興奮しているものの優劣がつかないとき、急に2頭とも毛づくろいを始めることがあります。「あーもうどうしよう」という気持ちの高ぶりを抑えて次の行動に移るために、毛づくろいの鎮静効果を無意識に利用しているのでしょう。

毛づくろいに関して、「ネコが顔を洗うと雨が降る」と昔から言いますが、これもネコのヒゲや毛根が湿度の変化に敏感なことを考えればちゃんと根拠があります。実際、ふだんより丁寧に頭のほうまで顔を洗い始めると、ほぼ必ず雨になるというネコもいますから、わが家のネコの毛づくろいを、いちどじっくり観察してみてはいかがでしょう。

こんなポーズでも毛づくろい。
全身をなめて自分のにおいを付けて安心する意味もあるので、舌の届く限りがんばるのです。

ふだんのお手入れ

Usual care

ネコは手間のかからない動物ですが
スキンシップをかねた日常の手入れも大切です

ツメ切りでは深爪厳禁

ネコは自分で毛づくろいをして清潔を保つので、ペットとしては大変手間のかからない動物です。とくに短毛種は、抜け毛の多い季節の変わり目を除けば、ほとんど何も世話せずに飼うこともできます。ただし、人とネコの共同生活でお互いにつらい思いをしないように、またネコが長く健康を保てるように、ふだんやっておきたい基本の手入れがあります。体のケアに関してはおよそ次の４つです。

◆ツメ切り
◆ブラッシング
◆耳掃除
◆歯みがき

ツメ切りは、専用のツメ研ぎだけではツメが伸びすぎてしまうことが多く、伸びた鋭いツメが、故意でなくとも人を傷つけてしまうことがあるので、子ネコのうちから習慣づけしたいもの。切るときはネコ用のツメ切りを使い、ネコの体と足をしっかり保持して、必要なら軍手などで手を保護して行います。切るのは神経と血管の通るピンク色の部位を避け、ツメの白いところだけ。深爪は厳禁です。ツメ切りを徹底して拒否するネコの場合は、保持役とツメ切り役の２人掛かりでやるのが無難。保持の際にはテーブルの上などにネコを乗せ、首の後ろの皮膚をぎゅっと握り、テーブルに抑え込むつもりでやると大人しくしてくれます。

基本のグルーミング用品

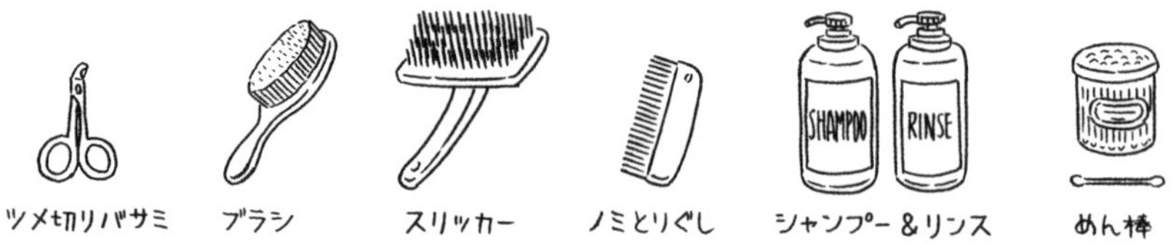

スリッカーで遊ぶシャロン。ネコは基本的にブラッシング好きで、短毛種ならとくにシャンプーの必要もありません。

ふだんのお手入れといえば自分でするツメ研ぎもその一つ。伸びすぎを防ぐ効果がありますが、ツメ切りも必要です。

長毛種は毎日の
ブラッシングを欠かさずに

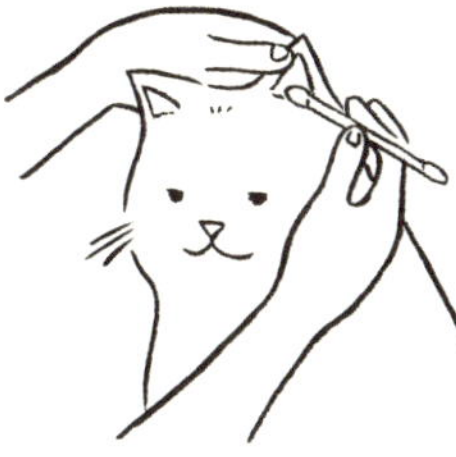

ペルシャやメインクーンなどの長毛種のネコは、毛が絡まりやすいので毎日のブラッシングが欠かせません。

コーム（くし）とブラシを使って、顔まわりの毛の短めのところから、背、腹、両足、両足の付け根の内側、お尻まわりまで全身の毛をとかしてやります。アゴの下など、毛が絡まって毛玉のできやすいところはとくに念入りに。毛玉ができてしまうとバリカンでごっそり刈らなければならなくなるので、これぱかりは手を抜けません。シャンプーは短毛種に関しては必ずしもする必要はありませんが長毛種はその毛並を保つため、定期的なシャンプーが必要とされます。

「耳掃除」は、室内飼いの場合は通常月に１、２回、綿棒にベビーオイルなどを付けて、外に出ている外耳の内側を拭いてやります。耳の奥から黒い汚れが出ているときはダニなどの可能性もあるので、無理に汚れを取ろうとせず、早めに獣医に診てもらうことです。ただし室内飼いの場合、まず耳ダニは発生しません。

最近はネコの寿命が伸びて高齢化が進むことから、歯のケアが重視されるようになりました。ネコ用歯ブラシも市販されていますが、湿らせたガーゼで歯の外側を週に３～４回拭いてやるだけでも歯石予防の効果があります。ただし、ケガの恐れもあるので、いやがるネコに無理やり行う必要はありません。

ブラッシングは飼い主とのスキンシップの時間になり、お互いの親愛度も深まります。長毛種は美しい毛並みを保つためにも毎日のブラッシングが欠かせません。

短毛種も、抜け毛が増える換毛期にはまめにブラッシングを。写真のスリッカーは古くなった毛を取り、地肌のマッサージ効果もあります。

ネコぎらいが綴《つづ》った猫物語
夏目漱石・宮沢賢治

名無しのままだった「吾輩」

現在のようなペットブームが到来する以前、昭和の中頃ぐらいまでは、飼いネコがいても家族の一員とかペットという感覚はあまりなく、“なんとなく居ついたネコ”とか“ネズミを獲る家畜”といった扱いのほうが一般的でした。

外出自由な放し飼いが普通で、代々ネコが居たから飼っているだけという家も多く、名前にしても単純に毛色でミケ、クロ、トラなどと呼んだり、名前を付けずに飼うことも珍しくなかったのです。

「吾輩は猫である。名前はまだ無い」の書き出しで有名な夏目漱石の小説『吾輩は猫である』のモデルとされるネコも、実際に名前のないまま亡くなっています。漱石を一躍有名にした“吾輩”ですが、漱石はけっしてネコ好きだったわけではないようです。

子息が書いた本には両親ともネコ好きではなかったとあり、漱石本人も「私は、実は好きじゃあないのです。犬の方が、ずっと好きです」と作家仲間の野村胡堂に語っていたそうです。

それでも漱石は“吾輩”が亡くなったとき、裏庭の桜の木の下に墓を作り、「この下に稲妻起こる宵あらん」という句を捧げ、知人数人にわざわざ「死亡通知」のハガキを出しています。作家として世に出るきっかけとなった「福猫」には、やはり特別な思いがあったのでしょう。

宮沢賢治はネコが苦手？

作品によく登場させたわりに、ネコが好きではなかったというのが宮沢賢治。作品中のネコはたしかにクセ者ばかりで、『セロひきのゴーシュ』に登場する三毛ネコは、「シューマンのトロイメライをひいてごらんなさい。きいてあげますから」といきなり生意気な注文をつけてゴーシュを怒らせたりします。

ネコだけの職場でいじめが展開する『猫の事務所』や、迷い込んだレストランで二人の紳士が恐ろしい体験をする『注文の多い料理店』などは、子どものときに読んで「ネコはコワイ」と感じた人も多いでしょう。

ネコ好きには少々残念な話ですが、賢治が残した「猫」という散文詩には、（私は猫は大嫌ひです。猫のからだの中を考へると吐き出しそうになります。）という一節があり、弟の宮沢清六氏によれば「兄はネコもイヌも好きではなかった」そうです。

第2章
ネコのきもちが知りたい

よく動くネコの耳は感情のシグナル。横に広がって緊張や警戒が表れ（上）、
ちょっと戻っても、まだ前方に傾いていて何かに集中しています（下）。

猫語のレッスン①

耳としっぽ

Ears and a tail

ネコの感情がすぐ表れるのが耳としっぽ
微妙な変化はこころの動きの反映です

猫語で話そうよ

「おまえも、少しは会話ぐらいできたらいいのになあ」。黒ネコと10年以上暮らしている一人暮らしの老人が、ふとつぶやきました。

黒ネコはそれを聞いて、お気に入りの座布団に丸まったまま、しっぽをひょいと１回だけ持ち上げて、ぱたんと下ろしました——（そうね、考えとくわ）。

なんのことはない、ふたりはそんな風にして、ずっとこれまでも会話をしてきたのです。

ネコは人間のことばには興味がありませんが、飼い主には全身で意思表示をしています。とくに耳やしっぽの動きは意思や感情を伝えるシグナルのようなもの。しっぽのゆるいひと振りも、ちゃんと会話の返事になっているわけです。

「猫語」、つまり鳴き声やネコのしぐさや身ぶりによる身体言語（ボディランゲージ）は、じつは人間に向かってかなりわかりやすく発せられています。

それというのも、どうやらネコは飼い主を“同種の生きもの”とみなして意思表示をしているらしいのです。

つまり、飼い主である人間を母ネコや、ときには自分の子のように思って接しているということ。だから、人間のほうに積極的に猫語を理解しようという姿勢があれば、猫語は（たぶん）かなりのところまで理解可能なのです。

飼い主の足にじゃれついているうち、ちょっと本気の攻撃モードに。伏せて後ろに引いた耳は威嚇を表し、鋭いツメを立てていますが、しっぽにはややビクついた感じが残っています。

おしゃべりなしっぽ

ネコのしっぽを観察してみると、その動きも表情もじつに多彩で、「これは相当“猫語”をしゃべっているな」という気がしてきます。

たとえば、飼い主が台所に立っているときなど、しっぽをピンと上に立てて体をこすりつけてきます。これは「ごはんまだあ？」とかおねだりの気分の意思表示。子ネコのとき、排泄前後に母ネコに肛門をなめてもらった甘い記憶の名残で、このときはお尻の穴も丸見えです。

一緒に暮らし始めた頃は、名前を呼べばニャオと返事をしてすぐ飛んできたネコ。でも付き合いも長くなると面倒臭くなるのか、名前を呼んでも姿勢も変えず、しっぽの先をピクつかせて「ハイ」の返事代わりにすることがあります。

何度も呼ぶと、「うるさいなぁ聞こえてるよ」とピクピクが2、3回増え、あんまりしつこくすると、左右にパタンパタンと振り始めます。これは「しつこいともう怒るよ」というイライラの意思表示。バタンバタンの音がつよくなるまで刺激してはいけません。

相手を威嚇するときや、はげしく驚いたときは、しっぽの毛が逆立ってふだんの3倍くらいの太さに見えます。また恐怖に怯えたときやケンカで降参するときは、しっぽを下げ、後ろ足の間に巻き込んでしまいます。

伸びとあくびが一緒になって、しっぽがくるりと輪っかに。
いろんな形を見せるシャロンのしっぽ。

体を斜めにしてふくらませ、全身の毛が立っているのは、大きく見せて「つよいんだぞ」と威嚇している状態。

しっぽがピンと上に伸びているのは、甘え気分やご機嫌のとき。このしっぽで体をすりつけてくれればおねだりモード。

しっぽをわっかにしたまま、こんどは背伸び中。
ネコによって動作もしっぽの表情も個性いろいろです。

にゃにゃっ

Meows

鳴き声で会話したいなんておこがましい
大事なのは気持ちを通わせること

ネコよなぜ鳴くの？ なにを鳴くの？
「にゃっ？ そんなの知らないよ、好きなときに勝手に鳴くだけだもん」。

鳴き声に救われる夜もある

よく鳴くネコ、鳴かないネコ、どっちが好きでしょうか。ミャアミャアうるさいのも困るけれど、まったく声を聞かないのもさみしいかもしれません。

こちらの呼びかけに鳴き声で応えてくれるだけでも、意思の疎通ができているような気がして、飼い主としてはまんざらでもない気分になるものです。ふだん鳴かない静かなネコでも、こちらがつらくて泣きたい気分のときに、ミャー（どうしたの？）とひと声、顔を見上げて鳴いてくれたりしたら、「おまえを一生離さない」という気持ちになるでしょう。

中原中也の詩にも、霧の降る夜更けの街で一人、ネコの細い鳴き声を耳にして、「なんだか私の生きているということもまんざら無意味ではなさそうに思える」と希望を取り戻す一編があります（「曇った秋」）。鳴き声に呼ばれてネコを拾い、思わぬ縁が生まれることもあります。

ネコの鳴き声には、人の魂にひびく不思議な力が潜んでいるのかもしれません。

大人しくて、あまり鳴かないネコが多いのがペルシャ。声を聞くのは年に数回というケースさえあります。でもこの顔から発する甘い鳴き声にメロメロになる人も。

「無声鳴き」と「カカカ鳴き」

アメリカの作家ポール・ギャリコは、ネコにまるで関心がなかった人がネコにやられてしまう（惚れてしまう）きっかけの一つに、「無声鳴き（silent meow）」を上げています。子ネコがたまにやる、「にゃあ」と鳴く口の形をしながら“声を出さずに鳴く”鳴き方です。

いいオトナがネコの可愛さにやられてしまうことを、作家・向田邦子さんは「感電」と表現しましたが、ネコには、声も出さない鳴き方一つで人を「感電」させる魔力があるということでしょう。

もう一つ、こちらは感電しそうもない鳴き方に「カカカ鳴き」があります。これは窓の外にスズメなどを見つけて、襲いかかりたいのにどうしようもできない状態がつづいたりすると不意に始まります。興奮が高まってアドレナリンが全開になったような動きをしながら、半開きの口から「カカカ」とか「ケケケ」という声が出るのです。初めて目撃すると不気味かもしれませんが、夢中になっているのでしばらくそっとしておきましょう。

にゃにゃっ、ふにゃーん、ミュウミュウ、にゃあご、ミャオーン……。

さまざまな鳴き声はネコ語で何かを語っているようにも聞こえます。でもきっと、ネコの本当の気持ちを理解できるのは、感電したままずっと愛情を注ぎつづけた飼い主さんだけなのです。

こんな顔で、しかも声を出さずに鳴かれたら、この子を放っておける人がこの世にいるとは思えません。

頭上でおもちゃを振り回されて「カカカ鳴き」が始まったシャロン。口を開けたまま、アゴがけいれんするように「カカカ」と鳴ります。

猫語のレッスン③

ごろごろ

Purring

ネコが満足しているときに鳴らすゴロゴロ音
これが聞こえると自然と心が和みます

ゴロゴロ音は、子ネコが母ネコのお乳を飲んでいるとき、「ちゃんと出ているよ」「満足してるよ」という気持ちを伝えるために鳴らす振動音で、安心のシグナルなのです。

飼い主に体をなでられて気持ちいいときもゴロゴロ鳴らします。耳をあてると、ノドだけで鳴らすのではなく胸全体で反響させ、胸腔が振動しているのがわかります。

ゴロゴロのほか、クルルル、ブルルル、グウグルグウグルなど、ネコによって響く音が違います。首まわりを愛撫されると鳴らすネコが多いです。

飼い主が触れただけで反射的に鳴らすネコもいれば、ひとりでくつろいでいるときゴロゴロ鳴らすネコもいます。

うっとり甘え気分でゴロゴロ。この振動音には骨の密度を上げる働きがあり、自己治癒能力を高める効果もあるといわれています。

猫語のレッスン④

ふみふみ

Repeatedly pressing

毛布やおなかの上で始まる前足押し
これをされたら誰だって母ネコ気分に

よみがえるオッパイの記憶

右、左、右、左と交互に踏むようにして前足で押す行為が通称「ふみふみ」。

毛布や布団、クッションのほか、ウールのセーターやフリースを着た飼い主の胸やおなかを押すこともあります。

子ネコは母ネコのオッパイを飲むとき、乳の出をよくするため、前足でお乳をもむように押しながら飲みます。その行為の名残が「ふみふみ」で、子ネコのような甘えたい気分になったとき、つい出てきてしまう行為なのです。

１歳未満のネコによく見られますが、成ネコでも何かの拍子に子ネコモードになると、やってしまうことがあります。

まったくやらないネコもいれば、毎朝、寝ている飼い主の胸に乗って「ふみふみ」で起こしにかかるネコもいます。これは子ネコのとき、目覚めてすぐ母ネコのオッパイをねだった記憶がしみ付いているのでしょう。いずれにしろこれが始まるのは、母ネコのそばにいるような、甘えたいような気分のとき。前足を揃えてせっせと踏む姿はなんとも愛らしく、初めて自分の胸に「ふみふみ」された飼い主はとろとろになり、男性でさえ母ネコの気分になってしまうのです。

目をトロンとさせて、すっかり子ネコモードの表情。こんなとき柔らかくてあったかいところで「ふみふみ」は始まります。

猫語のレッスン⑤

すりすり

Nuzzling

顔や体をこすりつけるのはネコの特徴
においを付ければ安心みたいです

壁や柱にすりすりするのもよく見る姿。誰もなわばりを奪おうなんて思っていないけれど、こうすると安心らしいです。

においを付けたらなわばりよ

人や家具、柱などに体をこすりつける「すりすり」行為は、ネコの特徴的な行動です。その主な目的は「におい付け」。

アゴやほおにはフェロモンを分泌する臭腺があり、そのにおいをこすりつけて、自分のなわばりであることを確認し、安心しようとするのです。客が座っていった椅子や新しい家具には別のにおいがするので、さかんににおい付けします。

同時に、飼い主にすり寄るときは「アタシのものでしょ？」という愛情確認や甘えの意味もあるようです。

家具やかばんなど新しく家にきたものには、早速すりすりでにおい付け。出っぱりや角のところにほおをすいっとこすっていくのもネコ特有のしぐさです。

猫語のレッスン⑥

くねくね

Wriggling

寝転がって、体をよじって
くねくねダンスは安心と誘いのジェスチャー

飼い主の前では遊びの誘い

ネコがよく見せる「くねくね」動作は、寝転んでおなかを全開にしてしまうので、警戒心がなく、安心した状態のときの身ぶりであることがわかります。

飼い主の前でこれをやるのは、だいたい遊んでほしいとき。ヒマそうに新聞を読んでいたりすると足元の床で始まります。せっかく「遊んでよお」と誘っているのですから、少しの間でも付き合ってやりましょう。誘いのくねくねは仲間のネコの前でやることもあります。

気分が高揚したときの「ひとりくねくね」もあります。外のにおいが大好きなネコがベランダに出してもらったときや、マタタビのにおいでハイになってしまったときも、くねくねダンスが始まります。

くねくねやコロリコロリと左右に転がるのは「うれしい」とか「あそびたい」の表現で、心の中ではにゃんにゃん♪ などと喜んでいるのです。

おなか全開でゴロニャンのポーズ。
ツメ研ぎ板に付いてくるマタタビの粉のにおいを嗅ぐと、あられもないくねくねダンスが始まることがあります。

本来は外敵のようなイヌも、子ネコの目には、「自分より大きな毛の生えた生きもの」という初めて見る好奇の対象として映っています。

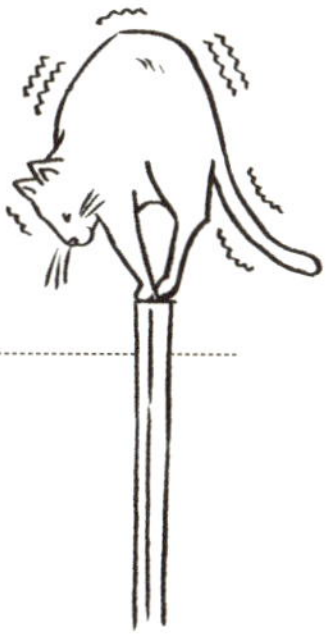

猫語のレッスン⑦

ぷるぷる

Trembling

好奇心とコワさと興奮……
初めての経験にちっちゃな体が震えます

コワいけど近づきたい

ネコの個性は千差万別。10頭ネコがいれば、みな性格もクセも違います。だから「ネコはこういうものだ」と決めつけることは無意味で、すでに本書で紹介してきた事柄についても、すべてその通り当てはまるネコはまずいません。

ネコのしつけは困難というのは常識でも、中にはイヌのように「お手」をすぐ覚えるネコもいるのです。レッスン②ではネコと会話するなんておこがましいと書きましたが、作家・内田百閒は、自分の寝床に粗相をしたネコが口を利いて、逆に説教された話を書いています（『猫が口を利いた』）。

それほどネコは個体差が大きいということ。その千差万別のネコに、唯一共通するのが「子ネコ時代の旺盛な好奇心」です。とにかく何にでも興味を示し、かじったりナメたりパンチやキックを浴びせながら、「コレハナニ？」と確かめずにいられません。そうした子ネコのもとへ、写真のような闖入者が現れたときに起こるのが、「ぷるぷる」現象です。

初めて見る人間以外の動物。見たいけど怖い、怖いけど近づきたい……そんな興奮で一杯になったとき、全身がぷるぷる小刻みに震え出してしまうのです。

好奇心が恐怖にまさり、ぷるぷる震えながらも接近に成功。シャロン、フレンドリーなワンちゃんでよかったね。

猫語のレッスン⑧

出たり入ったり

In and out

部屋から部屋へ、行ったり来たり
狭い家でも巡回点検は日課なのです

「開けたら閉める」ができません

「ちょっと、ドア閉めてよー」。

ネコは、押し開きのドアなどは自分で押してよく部屋に入ってきます。しかし"開けても閉めない"のが飼い主泣かせ。寒い季節や、エアコンを使用中の部屋では、飼い主がいちいち立ってドアを閉めに行くはめになります。

ネコと暮らしていると、出入り可能な部屋をネコは日に何度も出たり入ったりしているのがわかります。これはお気に入りの寝場所へ移動したり、日なたぼっこしたり、ヒマな相手を探したりしているわけですが、自分のなわばりを毎日点検して回るという意味もあるのです。

新しいダンボール箱などを見つけたときも、出たり入ったりして居心地を確かめ、気に入れば"マイスペース確保"のしるしに、におい付けします。

見つけたダンボール箱に出たり入ったりしてフィット感をチェック。
小窓を見つけて、前足をチョイチョイと出し入れしています。こういう穴はたまらないみたいです。

ドアの前でこんな顔で待っていられたら、開けないわけにはいかないでしょう。ノック代わりにドアをツメでガリガリして開けさせるネコもいます。

ハードディスクの熱や振動が心地いいのだとか、飼い主にくだらない仕事をさせないためだとか、いろいろ説はありますが、なにもあえてココに座らなくても……。

猫語のレッスン⑨

わかってる？

Do you understand ?

ああ人の気持ちも知らないで
今日もネコはどこまでもマイペース

ネコはわかってくれない

飼い主が、「ねえ、わかってる？」とネコに聞きたくなるとき、ネコのほうはまず「わかっていない」と思ったほうがいいでしょう。

たとえば、「お願いだからキーボードの上には乗らないで」と何度も言っているのに、ちょっとトイレへ行って帰ってくると、すました顔で乗っている……。

座る場所なんていくらでもあるのに、しかも決まって文書を書きかけのときにやってくれるのです。「ねえ、困ると言っているのにわからないの？」という飼い主のことばにも、ネコは（なんのこと？）という顔で平然としています。

これは飼い主を困らせせようとしているわけではなく、「わかってほしいと思うことほどわかってくれない」という“飼いネコの法則”みたいなものなのです。

「壁ではもうツメ研ぎしないって決めたよね、わかってるよね」と飼い主が油断していると……。

壁紙をやっと張り替えて、「もうここでは絶対ガリガリしないのよ」とよく言い聞かせたのに、3分後には妙な音が聞こえてきて、振り向けば、こんな感じです。

飼い主側にも責任アリ

　わかってほしいのに、わかってくれない。人の気も知らないで……と想い悩むのはネコを飼う人の宿命のようなもの。
　でも、飼い主自身がネコとの付き合い方が下手なせいもあるかもしれません。愛情表現のつもりでしていることが、ネコにとっては迷惑なこともあります。やさしく楽しい関係をつづけるため、ふだんから次のことに注意しましょう。

◆ベタベたしすぎない
　ネコは体を撫でられるのは好きですが、ひとりで放っておいてほしい時間もあり、抱っこが好きとは限りません。可愛いからといってすぐぎゅっと抱いたり、ベタベタするのはやめましょう。

◆叱るときはその場で
　いけない場所でのツメ研ぎや粗相、テーブルに乗ったり人の食事に手を出したときなどはその場ですぐ注意すること。あとで叱っても、ネコはなぜ叱られているのかわかりません。

◆“ネコ可愛がり”をしない
　ネコのしつけは難しいとはいえ、何でも許してしまうとわがままが加速し、行儀の悪いネコになってしまいます。

ほかにネコがいやがる行為を上げると、

◆かまい始めると、しつこくやめない。
◆急に大声で名前を呼ぶ。怒鳴る。
◆飼い主の行動がいつもせわしなく、ドタドタして落ち着かない。

……など。ネコも静かで落ち着いた暮らしを望んでいます。
　飼い主もときに反省が必要なのです。

またこんなとこに入って、と笑っていられるうちはいいものの、窒息の危険もある遊びはピシャリとやめさせること。ネコはあぶないことも「わかっていません」。

猫語のレッスン⑩

ヘンなクセ

Strange habits

野生の本能といまの生活がミックスされ
現代ネコのクセは多種多様になりました

奇妙なクセもネコらしさ

ミステリアスで気位が高いなんて言われるネコにも、必ず何かおマヌケなクセがあって、飼い主を和ませてくれるものです。お宅のネコにも絶対ヘンなクセがあるはず。クセにはネコの習性からきたものもあれば、環境や飼い主の習慣が影響したもの、理由不明の珍妙なものまでいろいろあり、それがまたネコの個性を豊かにしてくれるようです。

習性系では、ネコが夕方や夜に急にバタバタ部屋中を走り回る例（通称「夜の運動会」）があります。これは野生のとき暗くなってから狩りを行っていたため、周囲が暗くなると狩りの本能が騒ぎ出し、つい走り出してしまうのだとか。クセもまたネコらしさの一つなのです。

つい狭いところへ入ってしまうのはよく見られるクセ。
穴ぐら好き、引きこもり好きなのはご先祖からの伝統です。

野鳥を撮影したＤＶＤが大好きなネコたち。始まるとテレビの前に集まって、画面の鳥に次々に前足を繰り出します。

飼い主が近づくと体を曲げてご挨拶。下に降ろしてほしいの？ と手をさしのべる度にナゼかこのポーズ。

床に紙が落ちていると必ずその上に座ってみるのがこの子のクセ。
新聞であろうがカレンダーであろうが乗らずにはいられないのです。

le Tigre
SUPRA ENDURA
SUPRA ENDURA

COLUMN ネコと暮らせば

恋多きアーティストが惚れたネコ
藤田嗣治・荒木経惟

パリの女性とネコを愛して

洋画家としてフランスで成功し、エコール・ド・パリ（パリ派）の代表的画家として現在も高く評価される藤田嗣治《つぐはる》。

1886年生まれの彼は26歳のときパリに留学し、不遇の時代を経て、1920年代に一躍脚光を浴びて時代の寵児となりました。彼の絵を有名にしたのが、独特の乳白色で描かれる裸の女性たちと、その傍らに無心な姿を見せるネコでした。藤田は生涯に数千枚のネコの絵を描いたといわれ、知る人ぞ知る「ネコの画家」でもあったのです。

私生活では多くの女性と関わり、生涯に５人もの妻をめとっています。そばにいる女性はたびたび替わっても、藤田はいつの時代でもネコを飼っていました。名前は代々「ミケ」と付けていたといい、恋多き芸術家も、なぜかネコの名前については浮気をしなかったわけです。

ネコとの縁について藤田は後年、随筆で次のように回想しています。「盛り場から夜遅くパリの石だたみを歩いての帰りみち、フト足にからみつく猫があって、不憫に思って家に連れて来て飼ったのが1匹から２匹、２匹から３匹となり、それをモデルの来ぬ暇々に眺め廻し描き始めたのがそもそものようです」。ネコに導かれてパリで成功した彼のネコの絵は、『猫の本 藤田嗣治画文集』などで見ることができます。

喜びも哀しみもチロと

藤田の絵は、本当のネコ好きでなければ描けない“ネコ愛”を感じさせるものですが、写真の世界で私的ネコ愛を写し取った作品に、荒木経惟《のぶよし》の『愛しのチロ』があります。多くのネコを描いた藤田と違ってこちらはチロちゃん一筋。もとはネコ嫌いだったというアラーキーこと荒木氏が、妻・陽子さんが連れてきたチロの魅力に夢中になり、その日常を白黒写真に収めています。

ネコを飼っている人にも、かつて飼っていた人にも、またネコ好きではない人にも、ネコと暮らす幸福感が伝わってくるような写真集で、荒木氏自筆の文章も出色です。ただの愛猫写真集ではなく、この本の完成を心待ちにしながら刊行前に逝去された陽子さんへの想いもにじんでいます。荒木氏はその後、22年生きたチロの最期を看取る『チロ愛死』も出版、これらはネコを通した一人の写真家の人生の記録にもなっています。

第3章

ネコのからだは不思議がいっぱい

#3

からだチェック

Body check

狩りに生きた野生の血はいまだ健在
知れば知るほどネコの体は機能的です

しなやかさは獣のまま

ネコの体の最大の特徴はそのしなやかさにあります。

ふだんのんびり居眠りばかりしているネコも、ジャンプして高いところへ登ったり、狩りモードでおもちゃを追い回したりする姿を見ると、狩猟動物としての機能をその体にしっかり残していることに気づかされます。

そして類いまれな柔軟性。まん丸くなって小さな鍋に収まったり、ゴムのように伸び切ったりと、その立ち姿からは想像しにくいほど体は柔らかく動き、手でなでた感触もソフトです。

ネコの体は、骨格から筋肉、関節、目、耳、鼻などの感覚器官らすべてが、単独で狩りを行って生きてくために非常に合理的につくられています。鋭いツメやキバもいまだ現役。都会のマンションでゴロゴロしているネコにも、名ハンターである野生の血はご先祖から脈々と受け継がれてきているわけです。

人間の手で飼育しやすいように改良されてきたイヌとは違い、こうした野生の獣の特性を残していることもネコの大きな魅力です。ネコを飼うことの楽しさには、"小さな野獣"と仲良く暮らすという面白さもあるのです。

【目】

視力は人間でいうと0.3くらいで輪郭がややぼやけて見える程度。しかし光の感度は人間の6〜8倍あり、暗い場所でも行動可能。動体視力にもすぐれている。

【鼻】

嗅覚は母ネコの乳首を探るため生まれたときから発達している。他の個体のにおいに敏感で、人間には感知できないネコたち特有のにおいで世界を作り上げている。

【ヒゲ】

触毛と呼ばれ、口の横と眼の上に生えている。根元には神経が集中し、風向きの変化など情報をキャッチするアンテナの役割りをする。異物にふれると反射的にまばたきが起きる。

【歯】

上下30本。生後3〜4週で犬歯から生えだし、8週目には生え揃い、3、4か月頃から永久歯に生え変わる。4本の犬歯は鋭く頑丈。他の歯も肉を引き裂く用途が主。

【舌】

味覚は人間より鈍いが、甘い苦い酸っぱいなどはわかり、良質のたんぱく質を感知する能力が高いという。表面には糸状乳頭という突起物が一面に生えている。

ネコは満1歳頃になると体つきがしっかりし、顔つきも落ち着いてきます。行動や生活態度にネコ本来の姿を見せるようになるのはこの時期から。健康な平常時の状態をよく観察しておくと、何か異常が表れたときも見つけやすくなります。

【耳】

聴覚はとくにすぐれていて微細な低周波から9万Hz(ヘルツ)以上の超音波まで聞こえる（人間は約2万Hz)。暗闇でネズミの声を感知して待ち伏せすることも可能。

【首】

弱点であると同時にここを飼い主や母ネコに愛撫されるとゴロニャンとなる。ネコ同士のケンカでは攻撃される部分なので皮膚は弾力があり強化されている。

【しっぽ】

木の上や狭い足場を移動するとき尾を使って巧みにバランスをとる。ただし短いネコでも運動能力にあまり差はない。飼い主との間では感情表現にもよく使われる。

【前足】

狩りでは獲物を押さえつけ、ケンカではネコパンチで活躍する。出し入れ自由なカギ型の鋭いツメがある。5本指で指の間をパーの形に広げることもできる。

【後足】

前足に比べてかなり長く、筋肉が発達しているため跳躍やダッシュの瞬発力を生む。4本指で、前足同様に衝撃を吸収するパッド（肉球）がある。

肉球
Soft pads

どうしてもさわりたくなるピンクの肉球
ネコの魅力は足の裏にまでありました

ちっちゃなときから肉球はプニプニつるつるしています。このくらいのときから肉球をマッサージしてやるクセをつけると、ツメ切りの際もあまりいやがらず協力するようです。

人を癒す肌色パッド

ネコの体で、鼻先を除くと唯一しっとり感があるのが足の裏の肉球（パッド）です。衝撃吸収のクッションや滑り止めの役割りがあり、音を立てずに獲物に忍び寄るのにも好都合にできています。

また汗腺があり、興奮したり緊張すると汗ばむことがあります。

さわったときのプニプニ感とピンクの肌色に癒されるのか、世の「肉球ファン」は数知れず。ネコに会ったら前足を持って、握手代わりに肉球タッチで挨拶するという人もいます。ここだけ毛がなく、無防備な感じがするのも愛されるゆえんかもしれません。

柔らかくて表情豊かなネコの前足。顔を洗うときにも化粧用にも（?）活躍します。このウラに肉球とあの鋭いツメが隠されているとはねー。

鼻・肉球・耳のウラが、シャロンのピンク色３点セット。血管が透けて見えるのはそれだけデリケートな部位ということなので、肉球も傷つけないように注意したいもの。

化粧用パフにも!?

作家・梶井基次郎の「愛撫」という短編には、飼っていたネコの前足を“化粧用パフ”にして使う女性の話が出てきます。顔に白粉をたたきながら、「外国で流行っているので作ってもらったの」と女は平然と言います。たしかに肉球の周りには柔らかい毛が生えていて、化粧道具にも使えそうな気がしますが……。

この話は作家の夢想なのですが、その後作家は寝転んで、飼っている子ネコの前足を持ち、閉じたまぶたの裏にそっと押し当てます。快いネコの重さ、柔らかな肉球の感触――。そして呟きます。「私の疲れた眼球には、しみじみとした、この世のものでない休息が伝わって来る」。

かくも人は肉球に癒されるのです。

まんまる？
Round eyes?

ときに細くときにまん丸に開かれるネコの目
コロコロ変わるその目でおまえは何を見ているの？

暗がりでも平気なわけ

　ネコの目は顔全体の比率からするとかなり大きいほう。子ネコはとくに目の主張が強烈で、まん丸に見開いた大きな瞳で見つめられると、同じ哺乳類として保護本能を刺激されずにはいられません。
　キャッツアイという宝石もあるように、ネコの目はその美しさでも人々を魅了してきました。グリーンやブルー、オレンジなどに見える目の色は瞳孔《どうこう》の周りの虹《こう》彩《さい》の色調によるもの。瞳孔は明るいところではスリットのように縦に細くなり、暗闇では拡大してまん丸な黒目となって、網膜に入る光量を調節しています。
　また周囲の明るさに関係なく、威嚇・攻撃するときや、恐怖を感じたときは瞳孔が広がってまん丸になります。
　ネコは半夜行性動物で、目の光の感度は人間の６～８倍。人間ならやっと見える６分の１の明るさしかなくてもネコには見え、行動できるのです。それを可能にしているのが網膜の裏側にあるタペタムという反射層。網膜に吸収されなかったかすかな光もタペタムに反射させ、再び網膜に吸収させることで光を最大限に利用し、暗視能力を高めています。暗がりでネコの目がピカッと光るのはこのタペタムが作用しているから。

上）瞳孔がほどよく開いた通常の状態。下）左右の目の色が異なるオッドアイと呼ばれる目。白いネコにときどき見られます。右頁上）襲いかかろうと低く身構え集中しているところ。瞳孔は完全に開いており、攻撃モードの特徴を示しています。右頁左下）明るい日差しを浴びて瞳孔が極細のスリット状に狭まっています。目の形はアーモンド型。右頁右下）ペルシャなど短頭種の典型で、丸型の目と鼻の位置がほぼ横一線に並んでいます。

こぼれ落ちそうなゼリー

「ネコの目には、すべてのものはネコに属していると映っている」という英語のことわざがあるそうです。へえ、じゃあ私はどう映っているの？　とネコの目を超アップで観察してみると、眼球は透明な膜に包まれたゼリーのようで、こぼれ落ちそうなくらい丸く張り出しています。

じつは、この角膜と水晶体のはげしい湾曲がネコの視野を広げ、正確な距離感とすぐれた動体視力をもたらすことに役立っています。だから、視力は人間なら0.3程度でさほどよくないのに、獲物の些細な動きも見逃さずに、狩りを成功させることができるのです。

おいしいものを食べたあとなど、口の周りをペロリとやることがあります。けっこう長くて器用に動きます。

鳴いているのではなくてアクビの途中。チャンスとばかりに、指で舌をはさんじゃうようなイタズラは控えましょう。

舌がぺろり

Protruding tongue

ネコはなにかとナメるのが好き
長い舌にもネコの秘密がありました

毛づくろいではクシ代わり

ネコに手のひらやほっぺたをナメられたことがあれば、舌がすごくザラザラしていてくすぐったくなるのを知っているでしょう。

ネコの舌の表面には「糸状乳頭《しじょうにゅうとう》」というトゲ状の突起物がたくさん生えており、これがザラザラのもとです。この乳頭は、野生のときには獲物の骨から肉をこそぎ取るのに活用され、いまも食事のときには容器の食べものをきれいに平らげるのに重宝しているようです。

舌自体も長く、舌先はスプーン状になっていますが、水を飲むときは、「舌先をＪの字に曲げて水面につけ、すばやく引き戻して水柱を立て、それを口に含む。これを高速でくり返す」というスグレ技を使っています。舌で水をまき散らしながらがぶがぶ飲むイヌとは大違いのエレガントさなのです。

舌の乳頭は毛づくろいではクシ代わりに活用されます。セルフグルーミングが終わると毛並みはばっちり整い、毛根の汚れもきれいになっています。子ネコのときはこれを母親がやってくれたので、成ネコになっても舌の感触に似たブラシでなでられるのは好きなのです。

飼い主の前で口を開けてすぐ舌を出してしまうイヌと違って、ネコの舌はふだんきちんとしまってあります。んにゃ？なんの拍子かヘンなポーズで出ちゃいましたね。

狩りはおとくい

Good at hunting

**ネコは動物界でも指折りの狩猟の名人
イエネコだっていまだに狩りは必修科目です**

狩りのテクニックは抜群

古代エジプトで野生のネコが人間に飼育されるようになったのは、その天才的なネズミ捕りの能力を買われてのことでした。

大切な穀物をネズミの被害から守ることで、ネコは人間社会に迎え入れられ、これが数千年後のいま私たちと戯れるイエネコのルーツとなったのです。

ネコ科の野生動物はほとんどが優秀なハンターですが、ことネズミの捕殺に関しては、ネコの狩りのテクニックはずば抜けてレベルが高いのだそうです。

その狩猟スタイルは、待ち伏せと忍び寄りを得意とする単独行動型。チャンスが来るまで辛抱強く待ち、距離が縮まったら一気に襲いかかります。

しなやかな筋肉と骨格は強靭なバネを生んで跳躍を助け、鋭いカギのような前足のツメは狙った獲物を離しません。そして２本の犬歯が、相手の急所を外すことなく正確にとどめを刺します。

振り返って、わが家のネコを見てみると……。キャットフードをむさぼり食っては居眠りのくり返しで、そんな狩りの名手のイメージとはほど遠いかもしれません。でもそれは“ネコを被《かぶ》っている”のです。狩りはネコの本能であり、健康であればその肉体を駆使して「獲物を獲りたい」「狩りをしたい」という衝動を抱えています。ペット化したネコの日常では、その衝動のはけ口が「遊び」となっているのです。

こんな小さいうちからネコは狩りごっこを覚え、獲物を追いかけたり捕まえるスリルを味わうようになります。

「オ、なにかアヤシく動くものがあるぞ」と見つけたら（それがたとえ飼い主の友人の足であろうと……）、狙いを定めて飛びかかります。動くものに反応してしまうのは「狩り」を本業とするネコの習性なのです。

若いネコは、動くものを見ればすぐ反応して追い、飛びかかろうとします。

ネコは「動くもの」イコール自分が生きていくために必要な「たんぱく質のかたまり」であることを知っており、これを獲ることが自分の仕事だと本能で了解しているのです。自然の残る野外では、ネズミ、野鳥、トカゲ、カエル、昆虫などが目に入ってくるでしょう。

でも室内ではそうした生きものにはまず出会えません。代わりにネコは、ブラブラ動く飼い主の足や、ひもの先で揺れる人形、じゃらし玩具のヒラヒラする羽根などを追いかけ、やっつけようとします。そうした遊びは、本能的な狩りの衝動を発散させ、また狩りの能力をよみがえらせる訓練ともなっているのです。

飼い主へのプレゼント

ネコが飼い主を驚かせる行為の一つに、「獲物のプレゼント」があります。

まだジージー鳴いているセミ、シッポの千切れたトカゲ、虫の息のスズメなどを飼い主のところへ持参し、見せにくるのです。外出自由なネコであれば、ネズミやハトを持参することもあります。

気の弱い飼い主さんならギャッと仰天し、「早く外へ捨ててきて！」と大騒ぎになるでしょう。

この行為は、「ホラ捕まえたよ、上手でしょ」と狩りの成果を飼い主に披露し、ほめてもらいたくてやっていると思われがちです。たしかに若いネコや滅多に狩りができない都会ネコにはそういう面もあります。しかし多くの場合は（とくにメス）、「狩りもできないこの子（＝飼い主）にエサを獲ってきてあげた」という親ネコ気分での行為なのです。驚くことに、ネコは“自分が飼い主の世話をしている”という認識があり、獲物のプレゼントは、親ネコが子に餌を運ぶ給餌行動と同じなのです。だからどうぞ、驚いて叱りつけたりはしませんように。

おもちゃをくわえてやや得意げなシャロン。「手こずらせたけど、このとおりよ」と獲物を仕留めた気分なのでしょう。おもちゃを前足で転がしていたぶったりするのも、獲物を捕らえたときと同じ行為です。

ここはなわばり

My territory

なわばりは身を守るための防衛ライン
におい付けして侵入禁止をアピールします

なわばりは自己防衛のため

ネコはいまでこそ人に飼われてペット化していますが、もともとは単独で行動し生活する動物です。単独生活型の動物にとって、自分の身を守るために「なわばり」を確保し、それを守り維持していくことがとても重要な日課になります。

ネコも自分のなわばりを持ち、野良ネコや外出自由なネコは毎日自分のなわばりを見回って点検しています。室内飼いのネコは、出入り可能な室内全体を自分のなわばりとしています。

家は自分の巣と同じで、家の中やその周辺のなわばりにはつよい防衛本能が働き、プライベートエリアやハイムテリトリーと呼ばれます。

このエリアでは、オシッコをかける尿

仲良くお気に入りの場所を共有しているところ。
ペルシャ種は性格が大人しいネコが多く、未去勢のネコでもあまり派手なケンカをしないようです。

きれいに等間隔の距離をおいて、各自お気に入りスポットでくつろぎ中。
上中下の高低差は立場の優劣を反映することが多いようです。

スプレーや、ツメ研ぎ、体をこすりつけるなどの行為で必ず「におい付け（マーキング）」をして、「アタシのなわばりにつき侵入お断り」と他のネコに主張します。家の板壁などに背伸びするようにしてツメ研ぎをするネコがいますが、あれはできるだけ高いところにツメ跡をつけて、「こんなに大きいネコのなわばりだぞ」とアピールしているつもりなのです。

多頭飼いでも共存は可能

　複数のネコが同居する多頭飼いの場合、なわばりをネコ同士が共有することになります。いわばプライベートエリアに他のネコが侵入してくるわけですが、平和な共存も可能です。

　赤ん坊のときから共に育った兄弟同士や、先住ネコが成ネコで、後から子ネコが新入りとして入ってきた場合などは親密な関係を築くことも多いのです。さほど仲が良くない場合でも、ネコたちの間には暗黙のルールがあるようで、お互いにお気に入りの場所にいるときは威嚇したり邪魔をしません。

　そしてふだん休息しているときは、それぞれ程よく距離をあけて座っている姿が見られます。

夜の「集会」でメンバー確認

単独生活を好み、なわばり意識の強いネコ。でも安全な居場所を確保できさえすれば、なるべく無用な争いを避けて静かに暮らそうとします。通常は3頭を超える多頭飼いはストレス過多になるとされますが、相当な過密度でも、いつの間にか家の中に各自の居場所ができて平和共存状態に落ちつくことも多いのです。

外出自由なネコの場合、なわばりは自宅を中心とするプライベートエリアと、その外側に広がるハンティングエリアの二重構造になっています。プライベートエリアは自宅と庭の周り程度の範囲で、通常他のネコが侵入するのを許さず、見つけたらフーッ、シューッと威嚇の声を発して追い出しにかかります。

ハンティングエリアは名前のとおり狩りを行う権利のあるなわばり。一般には自宅から半径500メートル〜4キロ程度の範囲とされ、近所の複数のネコのなわばりとも重なっています。ここではネコ同士が互いの存在を受け入れ、道で出会っても確認の挨拶をして通り過ぎるか、立ち止まったりそっぽを向いてやり過ごします。

夜の公園などでネコが「集会」を開くことがありますが、あれはその周辺に暮らすネコの「顔見せ」が目的といわれています。集会に参加することでエリアの住人であると認知され、なわばりの共有が認められるのだそうです。

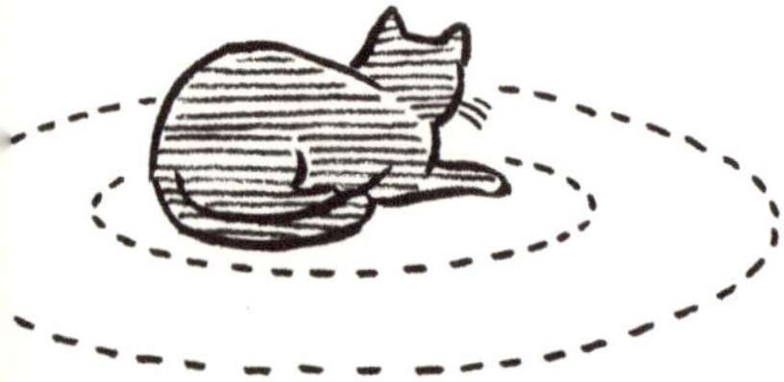

「最上段はボクの場所」「上から3段目はアタシの場所」とでも言っているような位置取り。多頭飼いでもネコは環境に順応していきますが、ネコの精神衛生上は単独で安心できる場所を作ってやることがいちばんです。

ママと兄妹

Mom and brothers

**ママには教わることがいっぱい
遊んでケンカして兄妹同士でも学びます**

母ネコは最高の教育係

子ネコは生後4〜5週目から動くものに興味を示し始め、母ネコや兄弟のしっぽ、人の手足など、何にでもじゃれついて遊ぶようになります。

この頃から生後2か月くらいまでの間に、子ネコは兄弟姉妹とともに母ネコのもとでたくさんのことを学びます。この時期は「社会化期」と呼ばれ、ネコとして生きていくために必要な行動の基礎を学ぶ大事な時期なのです。

母ネコはよく子の面倒を見て、排泄の前に肛門を刺激してやったり、舌でグルーミングしてやったり、子育ての見本のような母性を発揮します。野外で自由に活動できる環境であれば、ネズミなど獲物を捕まえてきては子ネコたちに見せ、

一緒に育った兄弟姉妹は、ある時期までは独特の親密さで結ばれます。
これは久しぶりのご対面でやや緊張気味?

子ネコ時代のシャロンと兄妹。一緒にいたのは短い間ですが。いつも母ネコの周りでじゃれあっていました。

とどめの刺し方や食べ方を実地に教育することもあります。

兄弟姉妹はさかんにじゃれ合い、本気のケンカになりそうなこともたびたびです。ネコパンチにネコキック、かみつき攻撃、ジャンプしての飛びかかりなど、遊びは狩りの実戦的トレーニングにもなっており、ケンカの際の加減の仕方を体で覚えるという役目もあります。

子ネコは母ネコにも飛びつき、足やしっぽにかみついたりします。母ネコはしたいようにさせていますが、子が力加減を誤ってやり過ぎると、威嚇したりパンチを放ったりします。母ネコは「そうされたら相手は本気で怒るよ」と見本を示しているのです。子ネコはこうした初等教育を受けながら、単独でも生きていくための能力を身につけていきます。

シャロンと兄妹の数か月ぶりの再会はまずケージ越しに。
シャロンはまだ警戒心が解けず、腰が引けちゃっています。

親元でいろいろな経験をさせる

母ネコのもとで、兄弟姉妹で毎日体をぶつけあいながら遊んだネコは、ネコ社会で生きていくための基本的な社会性を身につけるといいます。

ネコの性格も、親から受け継いだ生まれつきの性質と、生後７、８週目までの「社会化期」にどのように過ごしたかで決まるともいわれます。

子ネコは、この時期のさまざまな刺激や経験を通して、ネコ同士の付き合い方や、人や他の動物との接し方などを身につけ、ネコらしくのびのびと生きていけるようになるのです。

生後すぐに親元から離され、部屋でずっと飼い主とだけ過ごすようなケースだと、極端に臆病になったり、人見知りがはげしく攻撃性が強いネコになってしまうことがあります。子ネコのうちにさまざまな経験をさせて“世界にはいろいろな生きものがいて、いろいろなことが起こる”と認識させることはそれだけ大事なのです。子ネコをもらったり購入するときも、生後８週間（56日）は親兄弟と過ごしたネコのほうが飼いやすく安心なので、一つの目安になるでしょう。

兄弟ゲンカも必修科目

さて、写真は久しぶりに兄妹に再会したシャロン。毎日取っ組み合いをしていた記憶がよみがえったのか、再会間もなくファイトが始まりました。ケージの上に昇って優位に立っていたつもりが、床に下りたら形勢逆転。雉子トラの攻撃にひるみつつ、ネコキックやパンチで応戦しています。

こうした格闘技ごっこの中でも、威嚇の仕方や、パンチやキック、かみつきがどの程度の力加減で効果があり、どの程度の力だと相手を本気で怒らせたりケガさせてしまうのかなどを自然と体で覚えるのです。仰向けでおなかを見せ、しっぽを後ろ足の間に巻き込んだら降参の合図でもう攻撃しない、などの闘争のルールも覚えていきます。

子ネコ時代の兄弟ゲンカは、ネコにとって必修科目のようなものなのです。

子ネコ時代とは違って一見本格的なファイトに発展。倒れたシャロンは必死のキック連発ですが、雉子トラは余裕の対応です。面白いことに、ケンカのとき形勢不利のネコが高い場所へ逃げると、たちまち立場が逆転して高い位置のネコが優位に立ってしまうことがあります。

ミイミイ鳴きながらじっとしていない子ネコたち。まだ自分ひとりで生きていく力はありませんから、
母ネコの代わりに面倒を見てあげることになったら責任は重大です。

子ネコがきたら

When the kitten came

**子ネコを世話する機会がきたら
母親のつもりでしっかり子育てしましょう**

3週間まではしっかり授乳を

わが家でネコの出産を迎えるという経験は、飼い主になんともいえぬ幸福感をもたらすものです。出産後、そっと覗いたとき目にする小さな赤ちゃんたちの愛らしさとはかなさ、そして母ネコの満足そうな表情……。本来はこうした経験もネコを飼う喜びの一つだったわけですが、最近では住宅環境など諸事情が許してくれないのが現実でしょう。

それでも、縁あって生後間もない子ネコを世話することになるケースは少なくありません。そんなときの基本的な世話の仕方を覚えておきましょう（なお、前項で述べたように、ネコをもらい受けたり購入するのに最適な時期は生後2～3か月で、最低でも7週齢までは親元から離さないことが基本です）。

子ネコは生後3週間くらいまでは母ネコの母乳だけで育ちます。母ネコがいない場合は、ペットショップで売られている子ネコ専用のミルクを、哺乳瓶やスポイトで与えます。

4週間前後になったら、これもペットショップに置いてある離乳食を用意し、ネコの反応を見ながら少しずつ与えます。食欲旺盛な子ネコもいますが、いきなりたくさんは与えず、ひと舐めひと舐めずつ徐々に増やしていきます。ネコを飼う上で離乳時が最初の難関であるため、慎重に育ててあげましょう。

母ネコのオッパイに群がる兄弟たち。本来なら生後2か月間は親や兄弟と一緒に暮らせるようにしてあげるのがベストです。

離乳後は味にも工夫を

通常、生後1か月半頃には子ネコ用ドライフードを食べられるようになります。最初は離乳食と1対1の割合で混ぜて与え、1～2週間かけて離乳食の割合を減らしていき、ドライフードのみでも食べるようになったら「離乳完了」です。

中には初めから平気で成ネコ用のフードを食べるネコもいますが、胃腸はまだ未成熟なので毎日のウンチの状態をよくチェックして、軟便・下痢に注意し、時間をかけて離乳させるのがベストです。

この時期の、しっかり食べて成長していくネコの姿を見るのは嬉しいもの。子ネコのうちから魚や肉などいろいろな味に慣れさせておくと、成長してからの偏食が減り、栄養の偏りも防げます。

こんなやんちゃな顔をできるのも、ちゃんと食べて健康だからこそ。離乳後のフードはもちろん手作りも可。新鮮な素材を用い、ゆでる・蒸すなど簡単に手を加えて細かくしてあげてみましょう。

いつまで子ども？

　赤ちゃんネコの場合、食事の世話以外にも、母ネコ代わりにすべての面倒を見る必要があります。まだ目も開いていないうちは、ウンチやオシッコも自分ではできません。母ネコが舌で刺激してやるように、ときどき濡らしたティッシュなどで陰部を軽くこすってやると、ウンチや尿が出てきます。

　また、目が見えないのに匍匐前進《ほふくぜんしん》のようにしてチイチイ鳴きながらあちこち移動するので危なくてしょうがありません。踏まれないよう目を離さずにいるか、ケージに入れておく必要があります。

　そんなおもちゃのような子ネコも、２か月、３か月と過ぎていくとネコらしくなってきます。人間でいえば半年で９歳、１年でもうオトナ目前です。参考に年齢換算表をあげておきます。

生後2か月は人間でいえば2～3歳の幼児にあたり、何をやっても可愛いのは無理もありません。4年で人でいえば30代に突入、6年で40代ですが、ネコは人間の前では幼児性を失わずにいてくれます。

ネコの年齢早見表

ネコの月齢		人の年齢
１か月	…………	１歳
３か月	…………	３歳
６か月	…………	９歳
９か月	…………	13歳
１年	…………	17歳
２年	…………	24歳
３年	…………	28歳
４年	…………	32歳
５年	…………	36歳
８年	…………	48歳
10年	…………	56歳
15年	…………	76歳

※３年以降は1年で４歳ずつ加算。生活環境や個体によって違いがあり、換算年齢はあくまで目安です。

飼い主さん訪問

単身でネコと暮らす ‖ *A single living with a cat*

一人暮らしでネコを飼いたい人は多いはず
きっかけと意思と愛情があれば十分可能です

里親になるため引っ越し

東京で一人暮らしをする石井芳征《よしゆき》さんとへんちゃんの出会いは、里親募集のサイトに掲載されていた一枚の写真でした。

へんちゃんは、耳が垂れたスコティッシュフォールドという種のオスで年齢は不詳。10頭ほどネコを飼っていたおばあさんが飼育できなくなり、施設に預けられていました。「一見ネコとは思えないムクムクしたシルエットと、のんびりした表情に一目惚れしてしまった」という石井さん。それまでネコを飼った経験はなく、とくにネコ好きというわけでもなかったのに、迷わず里親になることを決めたのだそうです。

しかし当時はペット不可のマンションに住んでいたため、まずはペットＯＫの友人宅にしばらく預かってもらい、急きょペット可能のマンション探しを開始。ようやく見つけて引っ越し、それからへんちゃんを引き取りに行きました。

休日はへんちゃんとのんびり過ごすのが最高という石井さん。
へんちゃんと暮らすようになってから仕事は家に持ち込まないようにしているとか。

住まいは1DKのマンション。
ペットOKで希望の条件に合う部屋を探すのは、やはり大変だったそう。

へんちゃんに癒されて

それは運命的出会いだったのでしょう。へんちゃんは新居にもすぐ慣れて、「気がつくと寝てばかりいる」と石井さんが笑うほどののんびり屋さんぶりを発揮。

広告制作会社に勤務し、ふだんは夜11時頃になるという石井さんの帰宅を待って、へんちゃんは洗濯物にじゃれついたり、コロコロの体とおっとりしたしぐさで心を和ませてくれるそうです。一緒に暮らし始めてからは“至福の日々”という石井さん。飼うのは初めてでも「わからないことはペット雑誌を参考にしたり、周りのネコ好きの人に教えてもらったりして、なんとかなってきました」。

へんちゃんを飼うときに用意したものも、キャリーケースとトイレ、おもちゃくらいで、とくに大きな負担はなかったそうです。一人暮らしでも、「飼おう」という意思とそれを許す環境があれば、なんとかなるもの。出張などで家を空けるときは、知人に１日２回ごはんをあげに来てもらうそうです。

守るべき大切なもの

独身でネコを飼うことについて、石井さんは「守るべき大切なものができたことがいちばん大きな変化」と言います。

自分を待っていてくれて、自分を頼りとしているいのちがある——。単身者が都会のマンションでネコを飼うということは、ぬくもりが欠けがちな一人暮らしに、そうしたあったかな責任が生じるということでしょう。

石井さん宅は清潔で快適そうな部屋ですが、へんちゃんのまるっこい姿を見ると、石井さん一人で居るより、ネコが加わるだけで室温がちょっと上がるような、穏やかな雰囲気に変わるのがわかります。

単身者が気にする"留守番の時間が長い"という問題も、一緒にいるときしっかりコミュニケーションをとってやれば、へんちゃんも苦にしていないようです。

飼い主としての心構え

じつはこの取材後、へんちゃんに病気が見つかり、大きな手術を受けました。ヘンちゃんはあまり動くことができなく

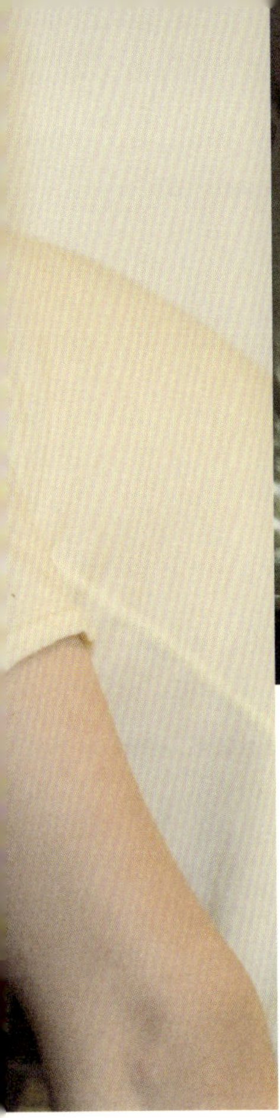

上／へんちゃんは石井さんが生まれて初めて飼ったネコ。丸々太ってのんびり屋さんで、多忙な毎日を送る石井さんを、穏やかな日常に引き戻してくれる存在です。
左／へんちゃんのおなかをさわるのも好き、顔を埋めてにおいを嗅ぐのも好き。里親として引き取って10か月、石井さんにとってヘンちゃんは同居人以上のかけがえのない存在になりました。

なり、食事にも介助が必要になりました。
　石井さんは「守るべき大切なもの」の意味をさらに深く受け止めています。
「病気などから守りきれないときの心構えや覚悟がまだ初心者なので、不安も多いです。その不安がネコに伝わってしまうので、飼い主はどんと構えていろと忠告されました」。
　病気を知った周りの人たちのやさしさや気づかいにも、心から感謝していると言います。へんちゃん、元気になっていっぱい石井さんに甘えてくださいね。

里親制度のこと

　ある事情で飼い主が手放したり、保護されたイヌやネコを、責任を持って飼うことができる人に譲渡する制度を里親制度と総称します。動物保護団体やボランティア機関で行うほか、動物病院やペットショップで仲介することもあり、そのシステムもさまざまです。譲る側・譲られる側双方が誠意を持って対応することが大前提で、とくに里親希望者の飼育環境や責任能力の確認が大事とされます。ウェブ上でも里親募集のサイトを検索できます。

飼い主さん訪問

多頭飼いの楽しみ　The pleasure of living with many cats

**手放せなくて自然と増えたペルシャファミリー
ネコの数だけ喜びも増えていきそうです**

ついつい手放せなくなって

あっちにも、こっちにも、あ、あそこにも――。いましたいました、きれいなペルシャネコがいっぱいです。

東京・荒川区在住の梅原さんご夫婦は大のネコ好きで、現在なんと20頭のペルシャと暮らしています。この数だけ聞くと、つい過密状態のネコたちを想像してしまいますが、梅原さん宅は吹き抜けや広い出窓を設けたゆったりした空間がひろがり、ネコたちも思い思いの場所でのびのびとくつろいでいました。

もともと梅原さんご夫婦は、血統のよいペルシャを育てるブリーダーさん。ところが子ネコが生まれるたびに、「可愛くて、つい手放せなくなってしまって、いつの間にかこんなに増えてしまった」のだとか。たしかにどのネコも毛並みが美しく、ホワイトの「わたちゃん」をはじめ、キャットショーでチャンピオンになったネコもいるそうです。

梅原さんが録画した野鳥（スズメ）の映像を流すと何頭かが必ずテレビの前に集まってくるそう。
手前のブラウンのネコは目と鼻が横一列に並んだペルシャ特有のいい顔をしています。

ふわふわの柔らかな毛並みはペルシャの最大の美点でしょう。
夏季にはサマーカットですっきりめにして過ごすネコちゃんもいます。

上手に楽しく管理して

　奥様の真由美さんはピアノの先生で、平日はご自宅で教室を開いています。生徒さんになついているネコや、蓋を開いたグランドピアノの中に入り込んでしまうネコもいるそうで、なんだか楽しそう。ほとんどのネコは子どもを作るために未去勢・未避妊ですが、やさしくおっとりした性格が多いペルシャ種の特徴なのか、これだけ大勢いてもひどいケンカや争いはほとんどないそう。発情期が来たネコは個別の部屋に分けて管理しています。

ピアノの先生である真由美さん（左）と建築関係の仕事をしているご主人の誠さん（右）。お子さんを含め家族全員がネコ好きです。

楽園を支えるケアと愛情

「ほら、こっち見て」と、ピアノの上のにゃんこ合唱団を指揮する（？）ご主人の誠さん。これでも梅原家のネコの半数も揃っていません。長毛種であるペルシャは毎日のグルーミングが欠かせず、放置するとすぐ毛玉ができています。それがこの倍以上の20頭ともなれば、どれだけ世話が大変かと想像してしまいます。

しかしご夫婦とも苦労より愛情がまさるのか、ネコへの接し方はじつに自然体。遊ばせるときは甘い親代わり、小ぜり合いなどがあればピシャリときびしく、硬軟巧みに使い分けて“ペルシャの楽園”的生活を楽しんでいます。「夫婦で旅行にはまず行けないし、地震が来ても逃げられませんね」（真由美さん）という悩みはあるものの、環境と家族の理解・愛情という条件が整えば、こんなに楽しいネコとの暮らしも実現できるのです。

ブリーダーとは

繁殖家のことですが、ペットの世界でいうブリーダーとは、イヌやネコの品種ごとに遺伝的な特徴や血統を考えながら、その種の代表的な特徴（スタンダード）を持つ、健康な子の繁殖を行う者をさします。趣味を兼ねて個人や家族で行っているケースから、ビジネスとして会社組織で行うケースまでさまざまです。ブリーダーを通してペットを入手する場合、金銭目的を優先せず、動物に愛情を持った信頼できるブリーダーを選ぶことが大切です。

選ばれしものとの関係

向田邦子

感電してしまった銀色のネコ

「猫と一緒に暮らしていると、だんだん猫に似てくる。歩くとき足音を立てなくなる。怠けものになり、団体で行動するのが大儀になる。誰かに忠誠を誓うのが面倒になり、薄目をあけてあたりをうかがい、楽なほう楽なほうと考えるようになる」

これは脚本家・作家としていまなお高い人気を持つ向田邦子さんのエッセイ(「オール讀物」1981年５月号)。このとき向田さんは愛猫マミオの両手を持ってジャンプさせるようにして写真に収まっていました。

マミオはコラットというブルーグレイの品種で、向田さんは旅行先のバンコックで立ち寄ったお宅で、初めてコラットを目にしています。「熱帯の芝生の上をころげ回って遊ぶ銀色の猫を見て『感電』してしまったのである」(『眠る盃』)という劇的な出会いがあり、その後何度もエアメールを送って、コラットの子ネコの雌雄を譲り受け、そのオスがマミオ。正しくはマハシャイ（伯爵）・マミオという名前で、向田さんが「わが伯爵殿」と呼んでとくに溺愛したネコでした。

ネコとの出会いはすべて「縁」とも言えますが、向田さん自身も、なぜネコを飼うのかと聞かれても理由はわからない、ただなんとなくであり、なぜかネコには縁があるとしか言いようがないと書いています。

不思議な縁で結ばれて

また、長くネコと暮らすうちに、「ネコも自分（飼い主）も互いに選ばれた相手なのだ」という思いが募る人も多いのではないでしょうか。世の中に人間もネコもたくさんいるのに、たまたま自分にもらわれたり、たまたま気を引く鳴き声を上げたので飼い始めたという相手と、何年も共に暮らすことになるわけです。出会いはいろいろでも、やはりネコと飼い主の間柄は、不思議な強い縁が作用した「選ばれしもの」の関係なのでしょう。

それはまた、別離のときにいっそう強く感じるものかもしれません。向田さんは冒頭のエッセイと写真を残した数か月後、飛行機事故で不慮の死を遂げます。残された愛猫マミオは、それから３か月の間、自宅のケージから出なくなり、やっと出たのは向田さんの納骨のとき。マミオは亡き飼い主のお骨のそばを離れなかったといいます。

第4章
楽しく快適に暮らすコツ

#4

もっと楽しく

More enjoyable

室内飼いなら、わが家がネコの全世界も同然
少しでも楽しく暮らせる工夫をしてあげましょう

家の中に遊び場を作ろう

「ネコは家につく」とよくいいますが、ネコの立場からすれば、飼い主も住む家も自分では選べません（飼い主の側には“ネコが私を選んだ”と思い込む人が少なくありませんが）。もらってくれた飼い主の住まいが１Ｋのアパートでも、人の出入りの多い騒々しい家でも、そこでの暮らしを受け入れるほかなく、ネコはとくに不満を言い立てたりもせずに、その家になじんでいきます。

それだけネコは環境への順応性が高いのですが、飼い主としてはできるだけ“楽しく暮らせる工夫”をしてあげたいものです。普通の部屋でもちょっとした工夫で、ネコの好きな運動や遊びができる楽しい空間に変えることは可能です。

高いところが好き、上下運動が好き、穴ぐらや狭いところが好き、狩りごっこの遊びが好きといった習性に合わせ、室内に遊び場を作ってやりましょう。

ネコ用のおもちゃ箱を前にして、遊んでくれるのを待っています。
手作りのおもちゃも楽しそうです（108ページの梅原さん宅）。

マンションの壁に違い棚を設置。こうした運動ができる場所はネコのお気に入りです（104ページの石井さん宅）。

高いところが好き

ネコは高いところに昇るのが好きです。タンスや書棚の上には不要な物を置かずに、ネコが見張り場のように使えるスペースを作ってやりましょう。市販のキャットタワーやキャットジムを利用したり、手作りしてもいいでしょう。

狭い場所が好き

穴ぐら的な狭い場所が好きな習性に合わせて、ダンボール箱や古毛布などで、部屋の隅や高い場所に隠れ家を作ってやりましょう。キャリーケースを置いても代用できます。またトンネル状のくぐり抜けスペースを作ってやると喜びます。

動くものが好き

若いネコは動くものを見ると、飛びかかったりくわえたりして"狩りごっこ"を楽しみます。ネズミ型おもちゃやゴムボール、アルミ箔を丸めたもの（カサカサ音がする）など自分で転がして遊べるおもちゃを常時用意してあげましょう。

上下運動ができて、見張り台や寝場所にもなるキャットタワーはネコにとってうれしいもの。市販品を参考にして日曜大工で作ることも可能です。

とはいえネコたちは、勝手気ままに部屋の中から居心地のよい場所を見つけ出します。いない、いないと探していたら、ひょんな場所からこちらを見つめていたりするのです。

飼い主が狩りごっこを演出

環境を整えても、やはりいちばん大事なのは飼い主がまめに遊んであげることです。ネコは気まぐれで飽きっぽい面もあるので、喜んで遊んでいたジムや玩具にもいつか興味を示さなくなります。

また子ネコから成ネコへと変わる成長過程でも遊びの好みは変化します。子ネコのうちはなんでも夢中になっていたのが、単純な遊びでは満足しなくなり、飼い主を遊びに誘ってくる機会も減ります。

しかし「狩り」をしたい衝動は依然つよいので、飼い主はタイミングを見て遊びをリードしてやり、「狩りごっこ」で刺激と興奮を味わわせてやりましょう。

低く身構えてじっと狙いをつけ、お尻を小刻みに震わせ、一気に飛びかかる……そんな狩りの疑似体験は飼い主の協力あってこそ可能です。ひもに付けたおもちゃやじゃらし玩具一つでも、リアルな動きで誘ってやれば、マンションの一室もワクワクする狩り場に変身します。

上手に飛び降りてちょっと得意げなシャロン。ネコはジャンプして昇ったり降りたりする上下運動を好みます。タワーがあると便利ですが、狭い部屋でもタンスや本棚、机などの家具類を段差をつけて置くだけで運動スペースが確保できます。

ずっときれいに
Stay clean longer

抜け毛やマーキング行動は生理的なもの
共に暮らす部屋を清潔に保つのは人間の役目です

抜け毛対策は徹底清掃から

ネコは清潔好きな動物で、一緒に暮らす人間を不快にさせることはほとんどありません。ただ抜け毛だけは厄介で、とくに季節の変わり目の換毛期には大量の抜け毛が発生します。

ネコといるとアレルギー症状が表れる人は、たいていこの抜け毛が原因です。飼い始めてから自分や家族がネコアレルギーだと知って、泣く泣くネコを手放す人もいますが、ネコアレルギーは自然と治ることもあり、また次の方法でアレルゲン（原因物質）を軽減させることもできます。あきらめずに試してみましょう。

◆ネコを布団やベッドに入れない。押し入れにも、寝室にも入れない。
◆室内の清掃を徹底する。毎日最低１回、掃除機と濡れ雑巾ですみずみまで掃除する。換気をよくすることも大切。
◆毛が付きやすいカーペットや敷物類を撤去しフローリングに替える。
◆定期的にネコを洗う。シャンプーはネコ専用の低刺激性のものを使うこと。ただし洗い過ぎに注意。

粘着テープでペタペタ

「どれだけ多くの時間をかけても、ネコとの良き思い出は消えない。どれだけ多くのテープを使おうと、ソファに残されたネコの毛は取り除けない」。

これはネコに関する有名な格言の一つ。ソファやクッションについたネコの毛はなかなか取れず、黒い服などを着てそこに座ると、あっという間に毛だらけになって大変です。そこで活躍するのがまずはガムテープやクラフトテープ。ループ状にしてペタペタ押し付けると、みるみる毛が取れていきます。ただ布地の表面の細かい繊維もはがしてしまうので、粘着力がすぐ落ちてしまうのが難点です。

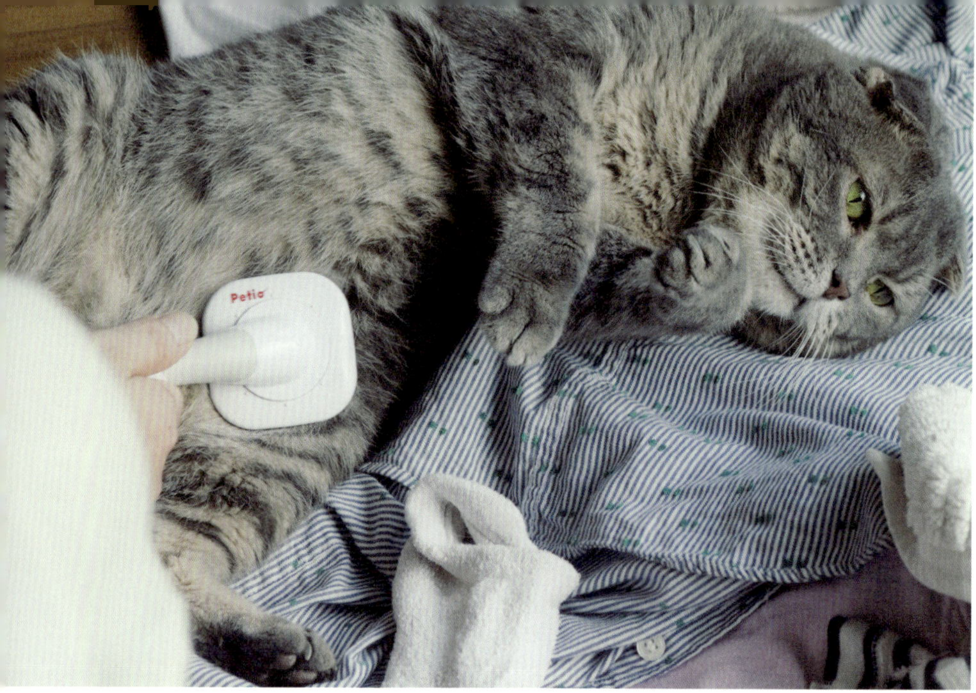

抜け毛対策にはまずブラッシング。初夏や秋の換毛期にはブラシやスリッカーでまめに古毛を取り除いてやると、室内に落ちる量も減ります。

長毛種の多頭飼いでは、室内の徹底的な清掃を日課にしましょう。部屋の隅に固まることも多いので、コーナーや家具の下、裏側も念入りに。

コロコロとゴム手袋で

ガムテープより簡便なのがコロコロと呼ばれるローラー式の粘着テープ。服やソファ、カーペットなどの上を転がすだけで毛を吸着してくれます。汚れたら表面をはがして使うので、いちいちテープを切るより手間はありません。ただし毎日使っているとけっこうな消費量となり、出費はかさみます。

裏ワザ的に有効なのが、ゴム手袋をはめた手でなでる方法。薬局などで売っている薄手のゴム手袋（ビニール製はだめ）をはめ、服やソファをなでるだけでラクに毛が取れます。コロコロを当てられない細かい部分にも指が届くし、毛を洗い流せばくり返し使えるので経済的です。

梅雨の前後は抜け毛の最盛期。まめなブラッシングと、コロコロなどで掃除に励んで乗り切りましょう。

ツメ研ぎ対策には防止板も

室内を汚すもう一つの要因となるのがツメ研ぎ。ネコの本能的な行動なので仕方ないとはいえ、気がつけば壁のクロスや襖はボロボロ、柱や家具の脚、ソファの足元も傷だらけという悲惨な状態になりかねず、賃貸住宅だと補償の問題も生じます。

対策には、ネコの嫌うにおいを付けておく方法と、プラスチック板などを貼って物理的にツメが研げないようにする方法があります。におい付けは、ネコが苦手な柑橘系、園芸用の木酢液を薄めたもの、市販のネコ除けスプレーなどを試してみましょう。ただし効果は一時的だったり、ネコによってもまちまちです。ツメ研ぎ防止板はホームセンターなどで薄いプラスチック板を購入して貼り付けるか、専用の市販品もあります。

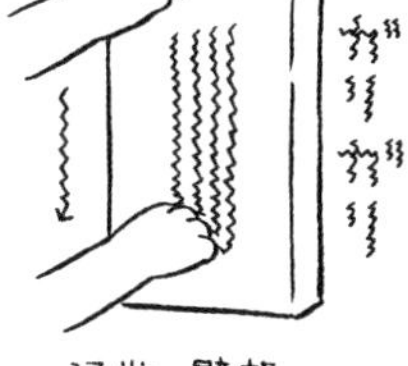

専用のツメ研ぎ防止板も市販されていますが、プラスチック板を壁や柱に合わせて貼り付ければOKです。

幸福なじかん

Happy hour

一緒にいるだけで心を和ませてくれるネコ
心を寄せ合えば至福のひとときがやってきます

心のこわばりがほぐれていく

家の中にネコがいるとほっとする、とネコと暮らす多くの人は言います。ソファでアクビをしていたり、出窓でぼんやり外を見ていたり、そんな姿を目にするだけで、なんだか空気がやわらいで感じるのです。仕事で疲れて帰ってきたときも、ネコが玄関で出迎えてくれ、顔や背中をなでてやると、心のこわばりがすっとほぐれていくような気がします。

人はネコと暮らすだけで癒されているのです。そのうえ、ひざの上で丸まったり、寝床にもぐって顔を寄せてきたりすれば、人はそれを自分への愛情表現と受け止め、幸せな気分になってしまうのです。「ネコの愛より偉大なギフトがあろうか」と英国の文豪ディケンズも言うように、ネコとふれ合うとき、ほかには代えがたい幸福な時間が流れます。

かまってほしいときにかまってやり、ひとりでいたいときは放っておく。
人とネコの関係はそんな程よい距離感がいいのかも。

思いが少しでも重なれば

人はネコと暮らすことで心の慰めをもらったり、他人にツメを立てずに穏やかに生きる知恵を学んだりしています。

また“絶対に自分の思いどおりにはならない相手”に一途な愛を捧げるという、人間同士では困難に近い無償の行為を実践できるのも、ネコと暮らす人の特権と言えるでしょう。

一方、ネコの側もきっと人間に何かを求めており、それなりに満たされているから、私たちと暮らすことをいやがらないのでしょう。その求める何かは「ごはんと寝床」だけではないはずです。

ネコはもともと単独生活者ですから、気に入らないことがあれば飼い主のもとを去って独立してもいいのです。完全室内飼いが増えて、物理的にそれは困難という現実もあります。でも家出もせずにのんびり過ごしているネコは、あなたのそばで暮らすことに、きっと安心と居心地の良さを感じているはずです。

飼い主がネコに対して抱く「おまえなしには生きていけない」という思いの10分の１か100分の１くらいは、ネコのほうも「あなたと暮らすのも悪くないわ」と思ってくれているのです。「あなたが必要よ」とは言わないまでも……。

ネコがそばにやって来て座り、クルル

ルとのどを鳴らして、じっとあなたを見つめています。そんなとき、もうあなたには聞こえているはずです。

「ねえ、あたしの首の周りをかいてよ」というネコのことばが。

　求めている何かの答えの一つを最後に。ドラッグ小説で知られるアメリカの作家ウィリアム・バロウズは晩年ネコに“やられて”しまった口で、70歳で発表した『内なるネコ（The Cat inside)』という本にこう書いています（山形浩生訳)。

「ネコを愛する皆さん、何百万ものネコたちはみんな、世界中の部屋でミャオーと鳴きながら、すべての希望と信頼をあなた方に託しているのをお忘れなく」。

出かけるよ

Let's go out

室内飼いのネコは見知らぬ外の世界が苦手
でも一緒の外出や旅行ができたら楽しくなりそう

外出時に慌てないように

完全室内飼いのネコでも、外出させる必要が生じることがあります。動物病院へ連れていくときや、飼い主の旅行や出張でペットホテルや知り合いへ預けにいくとき。また預けることも留守番させることもできず、旅行や長時間の移動に同行させるケースや、災害時に緊急非難するという事態もあるかもしれません。

そうした外出に備えてふだんからやっておきたいのが、キャリーバッグ（キャリーケース）に慣れさせておくこと。

キャリーバッグ自体は狭い穴ぐら風のスペースなので、本来は喜んで入ってくれることが多いです。ただ新品のバッグだと、においが気に入らなくてすぐ出てきてしまったり、入れてもずっと鳴きっ放しになることも。この場合、ふだん寝床に敷いているタオルや、なめたりかじったりして遊んでいる玩具など、自分のにおいのついたものを入れてやると、安心して入ってくれるようです。

以前、動物病院へ連れて行かれて怖い思いをした記憶が刷り込まれてしまい、バッグに入れようとするだけでギャアギャア鳴いて抵抗するネコもいます。

こういう場合は、キャリーバッグ→外出→恐怖体験という結びつきが弱まるように時間をかけて慣らしておくこと。ふだんからバッグを部屋の一角に置いて出入り自由にし、来客時の一時避難場所や隠れ家のように使って、安全安心な場所であることを納得させておきましょう。

車に乗せるときの注意

ネコは自分のなわばりの中にいることで安心する動物なので、外出や移動は基本的に苦手。車での移動やドライブに同行させるときは次の点に注意しましょう。

◆食事は乗車４～５時間前にすませる
◆車内でネコを放さない
◆窓を少し開けて空気の流れを作る
◆１～２時間おきに休憩をとる
◆駐車時に車内にネコだけを放置しない

車内でもキャリーバッグに入れておくのが基本です。もし出す場合も勝手に動かないようリードをつけて飼い主がしっかり保持すること。車中はストレスも大きく、車酔いすることもあります。ときどきやさしく声をかけてやりましょう。

お出かけに備えて、ふだんからキャリーケースには慣れさせておきましょう。

長時間の移動はネコにとってはかなりのストレスです。ときどきやさしく声をかけてあげましょう。

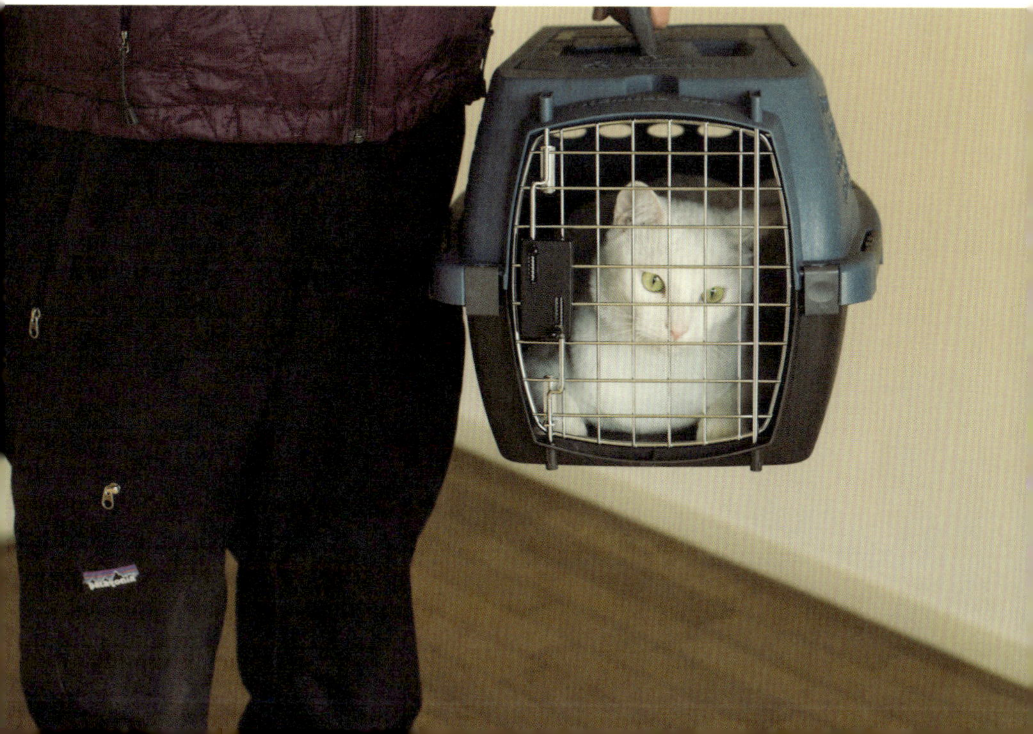

お出かけは苦手でも、外のにおいが好きだったりすると、
リュックやバッグに執着してこんなことも……。

乗り物で移動するとき

　旅行のお供や、転勤などで電車や飛行機で移動する機会が生じることもあるでしょう。たとえばＪＲに乗車する場合、キャリーバッグのネコは「手回り品」扱いになるのを覚えておきましょう。

　ＪＲの規定では、小型犬、ネコ、ハトとそれに類する小動物（ヘビ、猛獣を除く）は必ずキャリーバッグなどのケースに入れるよう決められ、ケースも長さが70cm以内で、縦・横・高さの合計が90cm程度、ケースとネコを合わせた重量が10kg以内と規定されています。改札口で普通手回り品きっぷを購入し、キャリーバッグにつけて乗車します。なお、特急を利用してもネコの分の特急料金はかかりません。

　飛行機の場合、国内線はキャリーバッグごと貨物扱いになり、機内持ち込みはできません。事前予約は必要はありませんが、ネコの搭乗料金もかかります。

　国際線では客室に持ち込む方法と、受託手荷物として預ける方法があり、いずれも予約が必要です。出国前、帰国前には検疫手続きが必要なので、あらかじめ航空会社に確認しておく必要があります。大移動はネコも大変ですが、飼い主の事前のリサーチと準備も大事です。

　移動手段に関わらず、キャリーバッグに入ったままのネコには相当なストレスがかかります。夏の炎天下では熱中症の危険もあります。

　移動の前後には体調の管理に気をつけ、バッグから出せるときには、大いにスキンシップを図りましょう。

今日はるすばん

I stay home alone

たいていのネコは長いお留守番もお利口にこなします
帰宅したらたっぷり遊んでやりましょうね

1泊くらいの留守番は大丈夫

先祖がもともと単独生活をしていたネコは、ひとりで留守番することもさほど苦にしません。通常、1泊2日くらいの留守番は問題なくこなします。

寂しがるのではないかと飼い主が気を回して、ペットホテルに入れたりするより、家に放っておかれたほうがネコには楽ちんなことが多いようです。なにしろわが家は全部自分のなわばりなのですから、知らない場所で、知らないネコと隣合わせてケージの中で過ごすより、断然ストレスが少ないのです。

飼い主としては、留守中の食事と新鮮な水をたっぷり用意してやり、トイレはできれば通常使用しているもの以外にもう一つ用意してやりましょう。ふだん清潔なのに汚れたままのトイレだと、ネコは気分を害してトイレの外や、あらぬ場所（靴の中とか）に排泄して不満を表明したりします。食事は変質しにくいドライフードを中心に、通常の回数分より多めに容器に出しておきます。水はひっくり返したりしないよう安定のよい容器でたっぷりと2、3杯用意しましょう。

留守番は平気と言っても、飼い主がなかなか帰ってこないことはネコを不安にさせます。思いあまって脱走したりしないよう、小窓などの戸締まりもしっかり確認して出かけましょう。

たいていのネコは留守番もマイペースでこなしますが、苦手なネコもいますよ。
帰宅したら、お利口だったねと声をかけてなでてやり、ごほうびをあげましょう。

ひとり遊びで退屈しのぎ

飼い主の留守中、ネコがひとりで何をしているかと言えば、居眠りしたり、毛づくろいしたり、外を眺めたりと、いつものマイペースは変わりありません。

ただ遊び相手がいなくて寂しがるので、退屈しのぎ用にひとり遊びができるおもちゃを用意してあげましょう。ゴムやスポンジのボールなどでもいいし、ペットボトルを利用した簡単なおもちゃでもよく遊びます。小さいペットボトルの真ん中あたりに小窓を開け（切り口にはビニールテープを二重に貼る）、中にお気に入りのドライフードを入れるだけで出来上がり。転がすとカラカラ音を立て、うまい具合に転がると小窓からごほうびのフードが出てくる仕掛けです。

留守中の安全のためには、ひもがからまったり、誤って飲み込む恐れのある玩具類は置かないこと。また壊れやすいものは片付けて出かけるのが無難です。

だいじょうぶ？

Are you OK?

室内飼いは安全とは限りません
マンションにも意外な危険ゾーンが隠れています

平和な日常にも危険あり

室内飼いのネコは、外敵もやって来ないし、雨風に身を震わすこともなく、飼い主の保護のもと何の危険も感じずに暮らしているように見えます。

しかし、一般の家庭の中にも、ネコにとっては危険スポットになりかねない場所がけっこうあるのです。

ネコの体は、人間でいえば生後１～２か月の赤ちゃんくらいの大きさなのに、その動きは敏捷で活発。気が向けばふらふら動き回り、わが家の至るところに顔を出して、「そこはだめ」と言っても聞きません。これは言ってみれば人間の赤ちゃんがベビーサークルを出て、火もあれば水もある生活空間を勝手に徘徊しているようなもの。それがどれだけ危ないことかわかるでしょう。

そんなネコとの暮らしの中で、「だいじょうぶ!?」と飼い主の心臓が縮んでしまいそうなシーンを、やんちゃな白ネコ・シャロンの日常から紹介しましょう。

ちょっと、まさか登らないでしょうね!? と思う間もなく晩ごはんのおかずがひっくり返されることも。シャロン、台所立ち入り禁止にされちゃうぞ。

そのまま落ちたら洗濯されちゃうよ、シャロン！
水が嫌いなくせになぜか洗面所や洗濯機が好きなネコは多いようです……

家の中の危険ゾーン

キッチンのシンク周り

蛇口からもれる水を飲むのが好きなネコもいます。洗剤などで足を滑らせたとき、近くに庖丁やナイフでもあったら大変。

キッチンのコンロ周り

ガス台に昇ってウロウロして、点火中に気づかずしっぽの先でも焦がしてしまったら大変。電磁式調理台も使用中は要注意。

浴室

フタの上があったかいので昼寝の場所にするネコもいます。追い炊きなどで高温になっているときフタがずれて落ちたら大変。

洗面所

シンクに入って水をなめたり、洗濯機に上がって水流のグルグルを眺めたりしがち。洗濯機落下の事故は現実にも多いとか。

収納庫や押し入れ

ネコが入りたがる場所なので扉の開け閉めに要注意。ネコの足を挟んだり、入ったのを知らずに閉じ込めてしまうことも。

袋類の保管場所

まさかと思うような袋に入り込むネコがいます。踏んづけたり、寝入っていて気づかずゴミとして捨てたりしないよう注意！

捨てられちゃうぞ（笑）

いつの間に入ったのシャロン？　ゴミを置く場所の袋には入ったらだめよ。眠ってたら気づかずに捨てちゃったかもしれないよ。

落ちないでよ…

洗濯するところの何がおもしろいの？ そんな狭いところに座って、どうせお手伝いもしないんだから、どいてくれない？

踏まれちゃうよ！

あらあら、買い物袋と一体化しちゃって。どれだけ袋ものが好きなのかしら。それにしてもアブナイよこれは。いつか悲鳴を上げることになるよ……

その一見奇妙な物体はいちおうキャットタワーのつもりなの。ちゃんと上下運動に使ってね。ああ、そんな変な体勢で登ったらだめよシャロン。

蛇口の水滴ポタポタの、なにが好きなの? しっぽの先が濡れてるの気づいてないの? ああとにかくそこはきみの座るところじゃないのよ。

そこは石けんが残ってるから滑ると言ってるでしょ? 後ろ足もあぶなっかしいし、そんなへっぴり腰で顔を洗おうとでも思ってるの?

ずっと待ってる

Waiting for your return

**ネコはある日突然いなくなることも
万一のときもあきらめずに愛猫を探しましょう**

必ず戻ると信じて

愛しのネコが、自分の前から不意に姿を消してしまう……。想像もしたくないことですが、「飼いネコが消える」というのは昔から多くの愛猫家が経験していることです。室内飼いが中心になったいまでも、それは起こります。

でも、環境の大きな変化（新入りネコの加入、引っ越し、家族構成の変化など）や、家を出る原因になるものが思い当たらない場合は、ちょっと外を見てこようという「外出」や「プチ家出」の可能性も高く、しばらく経てば帰ってくるか見つかることも多いのです。途方にくれずにまずは行動、すぐ探しに行くことです。

実際、ほとんど外へ出たことがないネコの場合、あまり遠くまでは行かず、自宅から半径100メートル以内のところにいることが多いようです。ひととおり近所の探検が終わったら隣家の垣根の下に隠れていたということもあります。けっして簡単にあきらめてはだめです。

もしものときは、近所のネコ好きの方にも協力を得られるよう心がけておくことも大事。こういうときこそ人の力が頼りになります。

◎ネコをさがすときの心得

名前を呼びながら家周辺を巡回作戦

家出後１〜３日は、名前をやさしく呼びながら家周辺を定期的に巡回しましょう。夜は不安でじっと動かなくなっていることもあるので、植え込みの陰や自動車の下、自転車置き場など隠れそうな場所を懐中電灯で照らしながら探しましょう。

やっぱり頼りになるご近所の目撃情報

なんと言っても役立つのは写真入りのさがしネコポスターです。何枚かカラーコピーして近所の商店街や動物病院など目につくところに貼らせてもらいましょう。名前と毛色や顔・しっぽなどの特徴を必ず入れて、写真はなるべく鮮明なものを。

さがしネコのポスターを作る

うちのタマを知りませんか？
3月30日、浜田山2丁目スーパーそばでいなくなりました。見かけた方はご連絡ください。
先が曲がっている
赤い首輪（鈴付き）
※特徴　3才のメス・黒ブチ・しっぽの先が曲がっている。タマとよぶと返事をする。
※連絡先　090-1234-5678　玉田まで
(8:00-23:00)

注目度がちがうので写真は必須。コピーでも必ず入れること。顔のアップよりなるべく全身がわかる写真がよい。

いつ、どこでいなくなったかをなるべく具体的に書くこと。

外見の特徴、首輪の有無は必ず記入する。連絡先は携帯電話の番号が確実。飼い主の名前は名字だけでもよく、住所も細かく書く必要はない。

※近所の交番にも探しネコの届けを出し、念のため最寄りの保健所や動物保護センターに連絡をとることも大事です。また、ポスターは許可を取ってから、指定の場所に貼らせてもらうようにしましょう。

ペットロス先生の涙の日々

内田百閒

ノラやおまえはどこにいる

内田百閒《ひゃっけん》は、夏目漱石を師匠とする明治生まれの小説家・随筆家。借金の天才で、ただ汽車に乗りたいために遠出するほどの汽車マニア、小鳥を数十羽飼っていたとか、来客ぎらい、写真ぎらいなど、数々のエピソードでも知られています。

しかし、ネコの世界で百閒先生の名前が出てくるのは、飼いネコの失踪とその後の哀しみの日々を綴った随筆『ノラや』に関することが圧倒的です。ノラとは野良の子ネコのとき先生の家にやってきて居ついた飼いネコのこと。昭和32年３月のある日、ノラは突然先生の家から姿を消してしまいます。それからというもの、ノラを想っては「一日ぢゅう涙止まらず」という哀しみの日々が始まります。

「寝るまで耳を澄ましてノラの声を待ったがそれも空し。」「いつ迄も涙が止まらない。寝る前風呂蓋に顔を伏せてノラやノラやノラやと呼んで泣き入った。」

風呂のふたの上はノラのお気に入りだった場所で、先生はノラのために座布団や掛け布まで用意し、ノラが寝ているときは入浴をがまんするほどでした。雨だれの音にもノラが帰ったかと思い、ネコの声がしたら飛び出して、ノラではなかったと嘆息し、帰ってきた夢を見てはまた泣き、気がおかしくなったように泣き暮らす有り様を百閒先生はさらけ出しています。

しかし、ただ涙に暮れていただけではなく、先生はノラの失踪後「探し猫」のチラシを５種類のべ２万枚以上も印刷し、新聞の折り込みにも入れてノラの情報を募っています。外国人向けの英語版チラシや、子ども向けに書いたチラシも作って近所に配ったそうです。そして謝礼目当てのいい加減な情報でも確認せずにはいられず、ノラではなかったと何度も落胆するのです。

ネコ一匹にいい年をしてみっともないとか、異常なじいさんとしか映らないかもしれません。でも一度でも愛するものを失った経験のある人なら、この老先生を笑うことはできません。ノラに注いだまなざしも、のちに住みついたクルというネコに語りかける先生のことばも慈愛にみちています。

いつの間にか絶対的な愛の対象となってしまうネコの不思議さを知る人なら、切なく、そして温かい気持ちになるでしょう。愛猫を失い、ペットロスの喪失感を引きずっている人にも一読をおすすめします。

#5

第5章

いとしのネコの健康管理

ずっと元気でいて

I wish that you stay healthy

長く楽しく暮らしたいから
健康を損なうリスクをできるだけ取り除く

ネコの健康を守るのも飼い主の役目。こんな平和な寝姿をずっといつまでも見せてくれたらいいですね。

飼い主としてできること

　ネコの平均寿命は室内飼いでおよそ15年といわれ、最近では20年以上生きる長寿ネコも珍しくありません。野良ネコの寿命は５〜６年といいますから、よい環境のもとで暮らせば、それだけネコも充実した生涯をまっとうできるのです。

部屋を跳ね回るこの元気さを失わずにいてほしい。
でもネコも加齢とともに体力の衰えがやってきます。

しかし飼いネコがみな平均寿命まで生きられるわけではありません。病気もせずににのんびり生きるネコがいる一方、生まれつき体が弱く病気がちなネコもいます。いま元気に遊んでいるあなたの愛猫も、いつか病気になったり、思わぬ事故に遭う可能性もあるのです。

飼い主にできることは、ネコがのびのびと暮らすための環境を整え、日常生活の中で病気の原因になることや、事故に遇うリスクを可能な限り取り除いてやること。そして動物を飼う人間の責任として、ネコに辛い思いや苦しい思いをできるだけさせないことです。そうして初めて、愛するネコに「ずっと元気でいて」と心から願うことができるでしょう。

日常の健康管理

Daily health care

**元気なネコも体調を崩すことがあります
不調に早く気づいてやるのも飼い主の大事な役目です**

不調のシグナルを
見逃さない

健康管理で大事なことは、飼い主が日頃から愛猫をちゃんと見守ってやり、毎日少しでもスキンシップの時間を持つことです。ネコは自分から体の不調を訴えることはできません。しかもネコは病気やケガからくる苦痛があっても、我慢強くじっと耐えることが多く、外見からは異変がわかりにくいということもあります。あきらかな変化が表れて周りが気づく頃には、だいぶ症状が悪化してしまっているというケースも多いのです。

不調にいち早く気づいてやれるのは、一緒に暮らす飼い主しかいません。異変のシグナルはいつもと違うしぐさや行動に表れることが多いので、それを見逃さないことです。ふだんからネコをよく観察していれば、食欲やトイレの回数の変化や、動きが鈍い、寝床から出てこないなど、ちょっとした変化にもすぐ気づいてやれます。スキンシップを欠かさずにいれば、体にふれたときの反応で異変を見つけやすく、抜け毛の具合や陰部など粘膜部の状態もチェックできます。

病気知らずのネコだと「元気で当たり前」と思い込みがちですが、健康管理は飼い主の責任であることを忘れずに。

ネコは不調を抱えていてもあまり表に出さない動物です。異変の早期発見には、飼い主さんの観察眼が頼りになります。

しぐさや行動にいつもと違う様子が見られたら、ネコを注意深く見守ってやりましょう。ずっと健康に育ってきたネコでも年中元気でいられるとは限りません。

☑ボディ全体をチェック

手でふれていち早く異常を見つける

全身をなでてやったり、ブラッシングしてやりながら、皮膚やボディ各部の状態をチェックしましょう。さわると痛がったり腫れているような部分はないか、毛ヅヤや抜け毛の程度はどうか、フケは出ていないか、ツメが伸びすぎたり裂けたりしていないか、など。日頃から皮膚のたるみや脂肪のつき具合をチェックしていれば肥満予防にもなります。

☑目・耳・鼻・口をチェック

外見とにおいで粘膜系の異常を感知

目ヤニや瞬膜（目頭側に表れる白っぽい膜）は出ていないか、耳は汚れていないか、鼻や唇が乾いていたり鼻汁が出ていないかなどをチェック。口は指で開けて歯ぐきや舌の色（通常は健康なピンク色）、歯石の付着具合をときどき見てやります。口の中が赤く腫れていれば口内炎や歯肉炎の可能性があり、口臭がつよいときは歯周病の疑いがあります。

おもちゃを出してもいつものように遊ばない、食べるのをすぐやめてしまう、トイレで長い時間じっとしている……など、ちょっとした変化に異変のサインは潜んでいます。

体重・体温・脈拍をチェック
愛猫の正常値を知っておこう

平常時の体重・体温・脈拍を測っておくのも大事です。体重はネコを抱えて一緒に体重計に乗り、その数値から自分の体重分を引けば割り出せます。体温（通常は38～39℃）は体温計を肛門（直腸）に入れて測るのが正確ですが、耳で測れるペット用や小児用電子体温計が簡便です。脈拍（通常１分間に110～130回）は安静時に股間に指をはさめば測れます。

排泄物をチェック
尿と便のチェックは目で見る健康診断

ネコは泌尿器系の病気にかかりやすいので、排泄の回数や排泄物のチェックは重要です。トイレ掃除のときにオシッコやうんちの色、量、回数、ニオイをチェックし、尿の回数が増えていたり、軟便、下痢便が続くときは注意してネコを観察しましょう。とくに頻尿や排尿困難の様子が見られるようなら早めに医者に診てもらう必要があります。

病気になるネコの半数は泌尿器系の病気にかかるといわれます。トイレの回数や排泄物のチェックは、飼い主が行うべき健康管理の最も大事なものの一つです。

食欲をチェック
食欲の変化にも注意が必要

フードを変えていないのに急に食欲が落ちたとか、水をやたらと飲むようになったなどの変化に注意しましょう。ものを食べないのは便秘や消化器系の異常が原因のときがあり、水ばかりたくさん飲むのは腎臓病の疑いも。逆に食欲があってたくさん食べるのにやせてきたという場合は、糖尿病などの可能性もあるので早めに病院で診察を受けましょう。

行動をチェック
いつもと違う様子が異変のシグナル

異様に甘えてきたり、寝床から出てこない、動きが鈍い、歩き方がおかしいなど、いつもと違うしぐさや行動は異変のシグナルのときが多く要注意です。ネコは具合が悪くて寝ていても、一見ふだんの居眠りと様子が変わらないので、よく観察してやらないと異状に気づくことができません。ふだんと違う鳴き方をするときも、よくネコを見てやりましょう。

泌尿器系のトラブルに注意

遺伝的な病気がなく、室内飼いで感染症の恐れが少ない場合、ネコはだいたい元気に暮らしてくれることが多いものです。よく食べてよく眠り、普通に動いているなら健康管理にあまり神経質になる必要はありません。

ただし、泌尿器系の病気には注意が必要です。病気になるネコの半数は泌尿器系の疾患にかかるといわれ、とくにオスは加齢とともに腎臓疾患や、膀胱や尿道に結石が生じる尿石症になりやすいのです。異変に気づくのが遅れると命取りになることもあるので、ふだんから尿をチェックし、以下の変化に注意しましょう。

- においが強くなった
- 色が濃くて赤っぽくなった。
- 血尿が出た。
- トイレに何度も行くが少量しか出ない。
- オシッコの姿勢をとるが出ない。
- オシッコのとき妙な声で鳴く。
- 陰部をしきりにナメている。
- 水を大量に飲むようになった。

とくにトイレに行くのに尿が出ない状態は危険で、1日以上続くと尿毒症を起こす恐れがあり命に関わります。すぐに動物病院へ連れて行きましょう。

愛猫がずっと元気でいてほしいのは飼い主みんなの願い。日頃のスキンシップで健康状態を把握しておくことが大事です。

獣医さんにかかるとき
Consulting a doctor

**獣医さんは健康管理の頼れるパートナー
病気の治療以外にも相談に乗ってくれます**

ホームドクターを見つける

愛猫に元気で長生きしてほしいと思うなら、子ネコのうちによいホームドクター（かかりつけの獣医さん）を見つけてあげることが理想です。予防接種や定期検診などで何度か診てもらううちに、生活環境やふだんの健康状態、ネコと飼い主の性格まで知ってもらえるので、何かあったときにすぐ相談でき、適切な処置を受けられるので安心です。

しかし現実には、よほどネコの具合が悪くなったとき以外は病院へ行かないという飼い主さんも多いようです。本来なら動物病院は病気になってから行くだけでなく、病気にならないよう予防のために行くのがより正しい利用法。ネコの健康にとっても飼い主さんの負担の面でもそのほうがずっとよいはずです。

また病院にネコを連れて行くとき、飼い主は診察に必要な情報を獣医にきちんと伝える必要があります。たとえれば飼い主は小児科に幼児を連れて行く母親と同じですから、“わが子”の状態（現在の症状、異変の兆候はいつから、食事の量や排泄の状態、平熱は何度かなど）を母親同然にきちんと説明できなければいけません。そのためにもふだんの観察と健康管理が大事なのです。

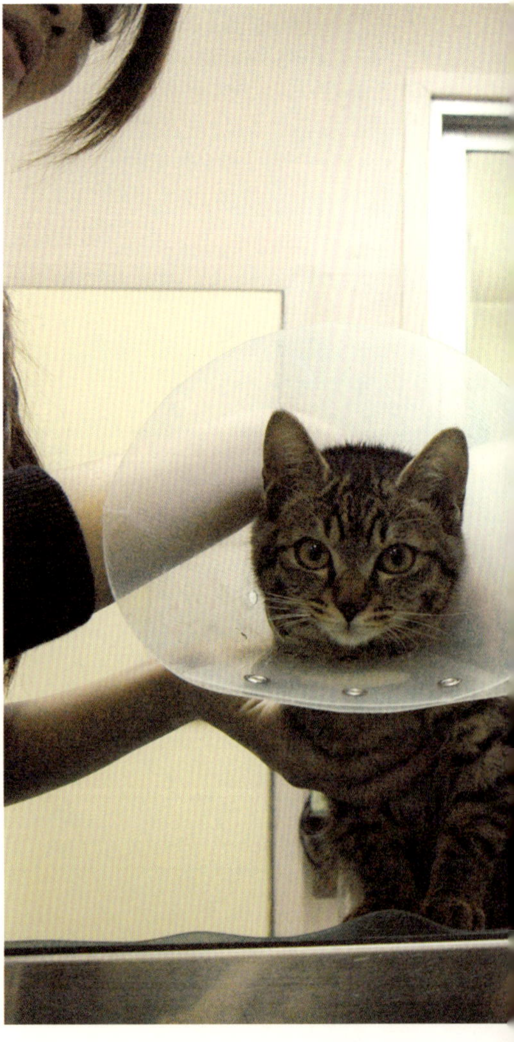

✣ 動物病院の選び方 ✣

ほとんどのネコは病院が大の苦手。しかしネコの健康を考えれば信頼できるホームドクターを持つことはとても大事で、何かと相談できる獣医さんがいれば飼い主も安心です。これから見つけるという人は、近所でネコを飼っている人たちの意見なども参考にしながら、以下の６つのポイントを考慮してよい動物病院を選びましょう。
❶通院しやすい距離にある
❷飼い主の話をよく聞いてくれる
❸説明がわかりやすく丁寧である
❹院内が清潔で会計が明瞭である
ここまではいわば当然の条件。さらに付け加えると
❺臨機応変の対応ができる
❻飼い主にできる範囲を把握して話してくれる
⑥は例えば、飼い主の意志や飼育状況に合わせて治療法などいくつかのパターンを示して説明してくれること。そして獣医さんとネコとの相性、飼い主との相性も大事になります。

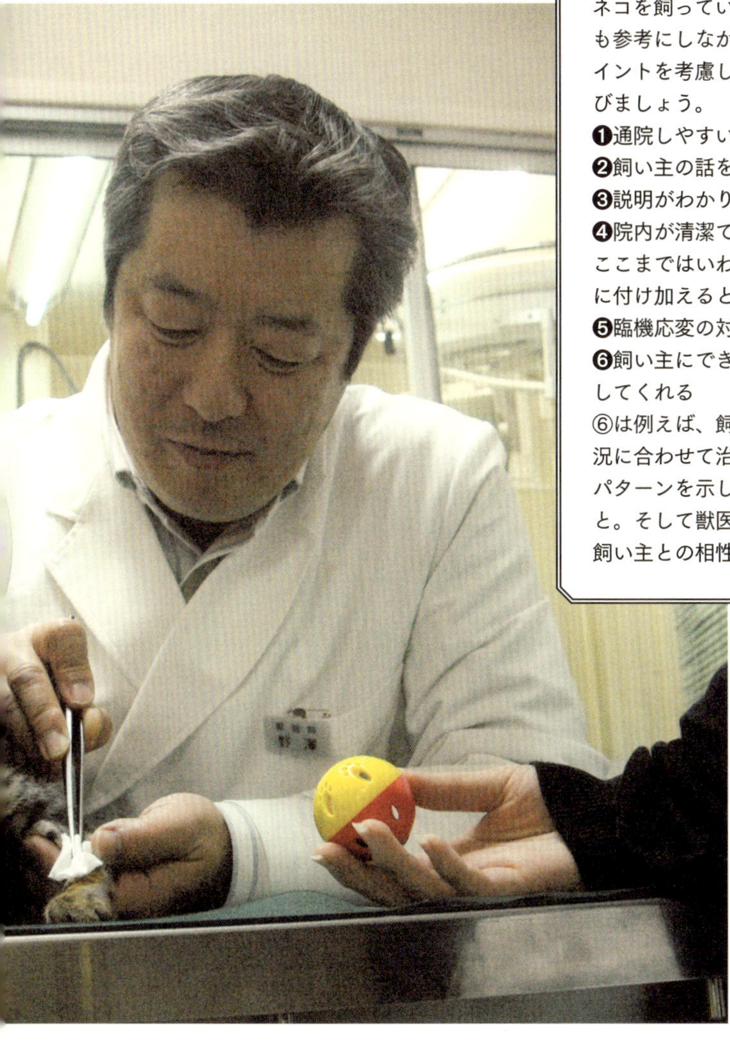

かかりつけの獣医さんは、愛猫の健康を願う飼い主のよき相談相手となってくれます。（動物・野澤クリニックにて　写真：編集部）

病院に連れて行くとき

暴れて逃げ出したり
パニックにならないように

病院への往復には、必ずキャリーバッグやキャリーケースにネコを入れて運びます。家から出るだけで興奮してしまうネコも多く、病院内では逃げ出そうと暴れることもあります。近所だからとだっこして連れて行ったり、普通のバッグに入れて顔を出したまま運ぶのは絶対にやめましょう。移動中の車や電車の中でも油断しないこと。外出に慣れているネコでも、雰囲気から敏感に「病院行き」を感じとってスキあらば逃げようとすることがあります。バッグやケースのふたは閉めたままで病院に向かいましょう。

なお変なものを口にして吐いたような場合、吐瀉物を持参することも大事です。

予防接種の種類

混合ワクチンで
危険な感染症を予防します

ネコの予防接種には、一般に３種混合ワクチンと５種混合ワクチンがあります。３種混合は「猫ウイルス性鼻気管炎・猫カリシウイルス感染症・猫汎白血球減少症」の予防ワクチンで、これに「猫白血病ウイルス感染症・猫クラミジア感染症」の予防ワクチンを加えたものが５種混合ワクチンです。最近では猫エイズワクチンも普及してきました。通常は子ネコが８週齢以上になったら５種混合ワクチンを２～４週間間隔で２回接種します。これによってネコがかかりやすい危険な感染症全般の予防ができますが、免疫効果は時間の経過とともに薄れていくので、定期的なワクチン接種が望ましいのです。

メスの避妊について

避妊処置は病気の
発症リスクも減らします

メスネコの飼い主が一度は直面するのが避妊措置の問題でしょう。子どもを産ませてあげたいという思いの一方で、飼育環境や長期の健康を考えた末、避妊を選択するケースが多いようです。避妊手術は左右の卵巣と子宮を摘出する手術と、卵巣だけを摘出する手術の２通りの方法があります。手術は全身麻酔で行い、通常１～２日の入院で帰宅できます。手術は生後６か月頃から可能で、成ネコでも受けられます。

避妊処置をすると乳腺腫瘍（乳がん）の発症リスクが格段に下がることがわかっており、精神的にも落ち着き、長生きする傾向が見られます。

オスの去勢について

問題行動が解消して格段に飼いやすくなります

オスには特定の発情期はなく、生後10か月頃から性ホルモンが増加し、発情したメスのにおいに反応して徘徊したり、なわばり誇示の尿スプレーや闘争を開始したりします。尿のにおいは強烈で、未去勢のオスは飼い主を悩ませることが多いのです。去勢は左右の睾丸を摘出する手術を行い、通常はその日のうちに帰宅できます。

去勢後はケンカや尿スプレーなど問題行動とされるもののほとんどが解消し、格段に飼いやすくなります。ケンカ傷による病気感染や生殖器に関わる病気の発症リスクも減るため、去勢したオスも長生きする傾向が見られます。

オス特有の問題行動を解消する目的のほか、性格も穏やかになることが多い。抱っこもできないほど、きかん坊だったオスが去勢した途端に一緒に布団の中で眠るようになるなどの例もあるそうです。

年に1回は定期検診を

万一の感染症予防と健康維持のために

成ネコでは基本的に年１回、先にあげた混合ワクチンの追加接種を行うのが理想です。室内飼育だから感染症の心配はないという飼い主さんもいますが、ネコは不意に外へ出てしまうこともあり、空気感染や飼い主がウイルスを運んできてしまう可能性もあるので、けっして安全とは言い切れません。ワクチンの対象となる病気は感染すると命取りになりかねない危険なものも多いのです。万一に備えて予防措置をしておけば安心でしょう。

ホームドクターがいれば、この年１回のタイミングを定期検診にあて、愛猫の健康診断をしてもらいましょう。肥満や泌尿器系疾患の予防にも役立ちます。

こんなときはどうする！？

What to do in this situation?

ネコと暮らせばいつか起こる想定外の出来事
あわてず騒がず最善の対応を心がけましょう

スズメをくわえてきた！

ほめたり叱ったりせずにクールに追い出す

あなたの前にまだ生きているスズメをくわえたネコが参上！　ギャッと叫んで失神してはいけません。そのままにしておくと解体ショーが始まってしまうかも。こんなときは、あまり大げさな反応を見せず、獲物をくわえたままのネコをそっと外に出してやるのがいいそうです。マンション飼育でもベランダに来る野鳥やセミなどを巧みに「狩り」で捕まえ、飼い主のところへ運んでくることがあります。ネコにとってこれらはみな食用にもなる玩具で、飼い主へのおみやげなのです。ほめたらまたやるし、無視すれば恩知らずと思われます。成果は認めつつ、「いまは間に合っています」となるべく冷静に伝えましょう。

食べちゃった、飲んじゃった！

あやしいものを飲んだら医者に相談し指示を仰ぐ

子ネコや１歳未満の若いネコに多いのが、食べもの以外のものを口に入れてしまう誤食・誤飲。観葉植物の葉っぱや生花、ヒモ類、ビニール、ラップ、輪ゴム、服用薬など、においを嗅いだりなめたりしているうちに飲み込んでしまうのです。飲んだものが多量だったり薬や刺激物などの場合は、かかりつけの獣医さんに連絡を取り、指示を仰ぐようにしましょう。紙片やビニールの小さな切れ端くらいなら、しばらくネコを観察し、変わった様子がなければさほど心配はいりません。

カユイ！　カユイ！

まさかのノミ発生には
病院の駆虫剤が効果絶大

　後ろ足でさかんにボリボリと体をかくようになり、まさかと思って体毛をかき分けてみたら、黒いノミを発見！　部屋も清潔にしているのになぜ、と思ってしまうかもしれませんが、原因追及よりもまずノミ退治が先。季節によっては卵を産んでどんどんノミが繁殖してしまい、ネコがアレルギー症状を悪化させることもあります。家でできる対処法で手っ取り早いのは、ノミ取りシャンプーでネコを丸洗いして、毛を乾かしたらノミ取りコームで全身をすくようにして全滅させること。しかし動物病院でノミ駆虫剤を投与してもらえば効果はより確実で、持続性もあります。あとは寝床や部屋全体を徹底的に掃除しましょう。

あわてない！

思いがけないトラブルにも
適切な応急処置を

　押しピンや画鋲などを踏んで肉球から血が出たようなときもあわてないこと。刺し傷や切り傷には、小児用消毒液や消毒うがい薬（イソジン）を薄めて傷口を洗い、ガーゼや包帯を巻いて絆創膏で固定します。縫い針が刺さったときは、奥に入り込まないよう注意して、ラジオペンチなどで慎重に抜き取ります。ルアーなどの釣り針の場合は先端にかえしがついているので無理に抜こうとせず、押し込んで先端が出るようならラジオペンチで先端を切ります。応急処置をしても出血が止まらないようなときは、すぐ病院に連絡を取って指示を仰ぎましょう。

かかりやすい病気と症状

Common disease and symptoms

飼育環境の変化で感染症は減少
代わって増えてきたのが腎臓病や糖尿病

ネコの肥満にも要注意

ネコはかつては細菌やウイルスによる感染症や寄生虫の病気に悩まされてきました。近年は室内飼いが増えて他のネコとの接触が減ったことや、予防ワクチンの普及により、感染症はかなり減少してきています。

代わって増えているのが腎不全や腫瘍、糖尿病、そして肥満です。これらは長寿化に伴う現代病でもあり、食生活の変化の影響も大きいようです。

肥満ネコはとくに増加しています。去勢・避妊手術を受けたネコは、ホルモンバランスが変化するため太って丸みをおびてくるのが普通で、室内飼いによる運動不足も影響しています。

さらに10歳以上になっても、よく食べるからと以前と同じ量の食事を与えていると、基礎代謝（じっとしていても消費されるエネルギー）が落ちているのでカロリーオーバーとなり、肥満を助長させてしまいます。太ったネコをかわいいと思うのは人間の身勝手。肥満は糖尿病、心臓疾患、腎臓疾患、肝臓疾患などさまざまな病気の元となるので軽視できません。一般には「満１歳時の体重を基準（適正体重）として、それに15％体重が増えたら肥満」と覚えておきましょう。

大量に水を飲み
大量のオシッコをする

❗腎臓病や糖尿病の疑い

「多飲多尿」と呼ばれる典型的症状で、腎臓障害や糖尿病の疑いがあります。とくに高齢のネコで以前にはなかったほど大量に水を飲み、尿の量が極端に増えている場合、腎臓病（腎不全）の疑いが強いのですぐに病院へ連れて行くこと。

ネコは少量の水で生活でき、体重1kgにつきおよそ40㎖の水で足りるとされます。ウエットタイプのフードを食べているネコは食べものから水分が取れるので、健康ならあまり水を飲まないことが多いのです。ドライフードだけのネコでも、飲む水の量は多くても１日150㎖程度。容器の飲み水がすぐ減るようだと注意が必要です。トイレをチェックして尿の回数や量がふだんの倍以上であればすぐ病院へ。

もし糖尿病であれば、病院でカロリー計算された処方食だけを食べるようにし、血糖値が下がらなければインシュリンの投与となります。これは飼い主自身で毎日打つようになります。

具合が悪くてもネコは自分で言いません。加齢とともに病気の発症も増えるので、
飼い主も健康管理の意識を高める必要があります。

何度もトイレにいくが尿が出ない・出にくい

尿石症・泌尿器疾患の疑い

オスネコで尿の量が極端に少なくなったり、何度もトイレへ行き排尿の姿勢をとるのに尿が出ないときは、尿路結石など泌尿器疾患の可能性大なので、迷わずすぐに病院へ連れて行くこと。とくにペニスが出っ放しになっているのにやっと一滴しか出ないとかまったく出ないときは危険な状態なので、一刻も早く病院へ。尿が出ない状態が続くと尿毒症を起こし、死に至ることもあり大変危険です。

オスの泌尿器疾患は非常に多いので、トイレで時間がかかるようになったり、何度もトイレへ通って砂をかくようになったら量をチェックし、早めに病院で診てもらうようにしましょう。

下痢が続く血便が混じる

胃腸炎・消化器疾患の疑い

１～２回の下痢で止まり、ふだんどおり食欲もあって元気にしているようならあまり心配はありません。

２日以上続いたり発熱を伴って元気をなくしているときは、早めに病院で診察を受けましょう。感染症や寄生虫（条虫や回虫）の可能性もあるので検査のため便を持参するようにします。

便に赤い血や赤黒い血が混じっているときは大腸や小腸の疾患の疑いがあるのですぐに病院へ。便はなるべく砂がつかないよう採取して、ビニール袋などへ入れて持参します。

食べものをすぐ吐く
嘔吐をくり返す

❗消化器系の異常や腎臓病の疑い

ネコはわりとよく吐く動物で、あまり心配のいらない場合と、異常のサインである嘔吐があるので見分け方を覚えておきましょう。たまに水っぽい泡まじりの液体（胃液）に毛球が混じったものを吐くのは、生理現象の一つなのでとくに心配はいりません。自分で食べたネコ草などが混じることもあります。食事のあと未消化のまま食べものを吐いた場合も、その後ふだんどおり元気なら心配いらないでしょう。ネコはガツガツと一気食いしたり食べすぎたりすると、胃や食道の許容量オーバーになり、反射的にもどしてしまうことがあります。

注意すべきは、嘔吐を何度もくり返したり、吐いたものに食べもの以外の異物が混じったり妙な色がついているとき。元気がないときは胃炎や腎臓病、便秘が原因となることもあり、早めに病院へ行くのが賢明。できれば吐瀉物を持参し、吐いた回数、間隔、食べたものなどを獣医さんに伝えられるようにしましょう。

耳を足でかく
頭をさかんに振る

❗耳疥癬《みみかいせん》の疑い

後ろ足でしきりに耳をかいたり頭を振って気にしているときは、耳が汚れていたり、耳疥癬（耳ダニ）などの疑いあり。捨てネコを拾ったりしたとき、耳の入口に灰色や黒褐色の垢がたまっていたら、やはり耳ダニが寄生している可能性があるので、病院でチェックを受けるようにしましょう。

うんちが出ない
便秘状態が続いている

❗食餌性便秘・巨大結腸症の疑い

室内飼いのネコにときどき見られるのが便秘で、便が出ずに苦しいのかトイレで唸ったり妙な声で鳴きながら走り回るネコもいます。軽い便秘なら食事にマーガリンやサラダ油など油脂類を混ぜてやるか、牛乳など乳製品を与えると改善することがあります。３～４日まったく便が出ないときや下腹部をさわると痛がるときはすぐ病院へ。

呼吸が浅くて速い
呼吸が荒く雑音がする

❗心筋症・肺炎の疑い

呼吸が浅くて速い場合、心筋症、肺炎、腹膜炎などの疑いがあります（平常時の呼吸数は1分間に20～30回）。上体が波打つように荒い呼吸をして呼吸音に雑音が混じるようだと、肺炎がかなり危険な状態まで進んでいる可能性も。出来るだけ早く病院で診察を受けましょう。

おなかがふくれてきた
陰部のおりものをなめる

❗子宮蓄膿症の疑い

子宮内部に膿汁が溜まってしまう病気が子宮蓄膿症。膿汁が陰部から排泄されてあちこち汚したり、ネコがそれをなめて体調を崩す例も多く見られます。排泄されない場合、膿汁が溜まっておなかが大きくなってきます。気づいたらすぐに病院へ。

くしゃみをする 鼻水や鼻汁が出る

❗鼻炎・ウイルス感染の疑い

くしゃみをして透明な鼻水が出るときはネコカゼか鼻炎が疑われます。鼻炎はホコリや花粉も原因になり、春先にくしゃみ・鼻水と目の結膜の潤みが見られたら花粉症の可能性もありますが、室内飼いではまれです。カゼや鼻炎は自然に治ることもありますが、病院で薬をもらえば治りは早いはず。子ネコで感染すると慢性化してしまうことがあるのでしっかり治しておきたいです。粘りのある鼻汁が出て鼻をふさいでしまい、ひどい目ヤニやよだれが出るようならウイルス感染の可能性が高く、すぐ病院で治療を受ける必要があります。ネコは鼻が利かないと食欲がまったくなくなってしまいます。

様子がおかしいときは早めの手当を。
元気になったらまた遊んであげましょう。

ごはんを食べなくなる よだれを垂らす

❗口内炎・歯肉炎の疑い

食事をほんの少しついばむように食べたり、食器をじっと見ているのに食べられずにいるときは、口内炎や歯肉炎の可能性が。歯肉炎は歯肉が赤く腫れて口臭がきつくなることが多く、細菌が繁殖して全身に影響が出ることもあります。口内炎によるよだれがひどいときはウイルス感染症の疑いもあり。いずれもできるだけ早く病院で治療を受けましょう。

急に元気をなくして 嘔吐や下痢を起こす

❗ネコのいかもの食いの疑い

ネコが食べてはいけないものがいくつかあります。たとえばヘビ・カエルからはマンソン裂頭条虫、ノミから瓜実条虫《うりざね》が、淡水魚からは吸虫類などの寄生虫が感染します。それらを与える飼い主はいませんが、うっかりネコが口にしてしまうこともあるので注意が必要です。ほかには、たとえばタマネギにはネコの赤血球を壊す成分があり、危険とされています。でも少量を口にしてただちに発症してしまうことはありません。

◆ネコにあげてはいけない食べもの

- タマネギ、長ネギ、ニラ
- アワビ、トリガイ、サザエなどの貝類
- イカ、タコ、エビ（大量に与えない）
- チョコレート

◆中毒症状を起こしやすいとされる植物

アイビー、ポトス、スズラン、アロエ、ポインセチア、アサガオ、チューリップなど

老ネコとやさしく暮らす

Living gently with a old cat

ネコの一生の進行の速さは人間の5～6倍
老いを迎える愛猫に飼い主がしてあげられることは

ネコもいつか老いを迎えます。
それも多くは飼い主よりも早い時期に。

温かくて柔らかい幸せ

子ネコの可愛らしさや若いネコの活発さも魅力です。しかし年老いて悠然と生きるネコも、すばらしく魅力的です。

「ぼくは世界じゅうのたいていの猫が好きだけれど、この地上に生きているあらゆる種類の猫たちのなかで、年老いたおおきな雌猫《めすねこ》がいちばん好きだ」。

村上春樹の『ふわふわ』という絵本はこんな一文から始まります。縁側で昼寝をする老いたネコの隣に寝そべって、本の語り手は「ぼくらの世界を動かしている時間とはまたちがった、もうひとつのとくべつな時間が、猫のからだの中をこっそりと通り過ぎていく」——と感じたり、老ネコから多くの大事なことを学んだと追想します。たとえば——「幸せとは温かくて柔らかいことであり、それはどこまでいっても、変わることはないんだというようなこと」。

老ネコと暮らしたことがある人なら、その達観したような、ぜんぶお見通しのような、菩薩《ぼさつ》のような、不思議な魅力と温もりを思い出してしまうでしょう。

いま若く元気なネコも、その多くは飼い主よりも早く老いを迎えます。縁あってうちのネコとなったのですから、幸せに長生きさせてやりたいものです。そうすれば“とくべつな時間”を共に過ごせたり、人間からは得られない大事なことを学ぶことができるかもしれません。

老いにやさしい環境を

老化のスピードは遺伝や環境、栄養状態によっても異なりますが、一般に10歳を超えると高齢期とされ、老いの兆候が表れるようになります。

皮膚のハリや毛ヅヤが落ち、内臓全般の機能も運動機能も低下してきます。さらに年をとって老齢期になると、まず遊ぶことがなくなり、以前なら軽々と飛び乗っていた場所に上がれなくなったり、食事の声をかけても反応が鈍くのっそり歩いてくるようになったりします。

白内障で眼球が白っぽく濁ってくる、ツメが内側に曲がって引っ込まなくなり歩くと音がするなど、外見上の老化も顕著になってきます。

老化に際して環境面で大事なのは、ひとりで落ち着ける居場所を確保してやることです。新たに子ネコや若いネコを飼い始めるのは、老ネコには大変なストレスになるので避けること。なわばりを取られたように感じて家の一か所に引き籠ったり、家出してしまうこともあります。人間同様、年を取ったら住み慣れた環境がいちばんなので、引っ越しやリフォーム、家具の配置換えも極力避けましょう。

あとは、食欲の変化を見ながら、食事の質と量に留意すること。ときどきやさしく声をかけ、体をなでてあげることも大事です。老いてこそやさしく安心できる住処《すみか》にしてあげましょう。

愛猫とのお別れの仕方
いつか来るその日

ネコもあなたも幸せに

ネコとの出会いがあれば、必ず別れもあります。生きものと関係を結ぶということは、そうしたつらさや悲しみも引き受けるということ。

これまで長くネコを飼ってきて、別れを経験していない人は少ないでしょう。住宅事情や転勤などで手放さざるを得ないこともあるし、事故や病気による悲しい別れもあります。これからネコを飼う人も「いつかその日は来るのだ」と、心の片隅に置いておく必要があります。

愛猫との別離のとき、心の整理などすぐにできるものではありません。でもペットロスの喪失感に苛まれないよう、ある程度の準備をしておくことはできます。

一つは、ネコとあなたの「二者間交流」だけでなく、「二者間外交流」もしておくこと。つまりネコとあなたの一対一だけで交流するのではなく、第三者を含めた家族などと一緒にネコと親しんでおくことです。

家族がいれば問題ないですが、単身で飼う人は、友人や恋人、ネコ仲間などを家に招いたときは、できるだけネコと一緒に過ごして交流することです。あなたのネコをよく知って、愛情を持って接してくれる人を何人か持てば、いつか別れがきても悲しみを分かち合い、寂しさを少しでも和らげることができるはずです。

納得のいくお別れを

もう一つは、ネコと暮らす幸せを人間側の都合だけで考えず、ネコにとっても楽しく幸福な記憶をたくさん残してあげること。一緒に旅行で思い出作りというわけにはいきませんが、よく遊んでやり、居場所や食事もなるべく喜んでもらえるようにして、ストレスの少ない健康な生活を送らせてあげることです。「できるだけのことはしてあげた」という納得のいく思いがあれば、お別れでポッカリ空いてしまう心の穴も、小さく抑えることができるでしょう。

お別れの後、しばらくして新たにネコを飼うというケースもあります。かつての愛猫の思い出をどうしてもひきずってしまう人には、詩人の長田弘さんの『ねこに未来はない』という本から、こんなことばを贈っておきましょう。「いいんだよ、いいんだよ、いなくなったらまた次の猫を飼やあいいんだよ。次の猫を思いきり可愛がってやることが、前の猫への何よりの慰めになるんだからね」。

第6章
もっと知りたい
ネコのこと

ネコと日本人

The cat and Japanese

**日本ネコのルーツは千数百年前の大陸渡来のネコ
庶民の生活に溶け込みながら、怪猫伝説も生みました**

中国から来たネコが和ネコのルーツ

日本には大昔からネコが存在していたわけではなく、中国大陸から連れてこられたネコが土着したのが、和ネコの始まりです。歴史上では、６世紀の仏教伝来にともない、経典をネズミの被害から守るために中国から連れてこられたのが最初とされていますが、それ以前にも中国との交流はあり、いつ頃日本にネコが住みついたのか正確にはわかっていません。

ネズミを獲り、人になつくというので平安時代には貴族が中国から来た唐猫を飼育するようになり、大陸渡来の動物として天皇に献上されることもありました。889年の宇多天皇の日記には、父親（光孝天皇）から譲り受けた真っ黒な唐猫の記述があり、これが現存するネコの記録としては日本最古のものです。

宇多天皇は日記の中でネコの漆黒の容姿や動きの美しさを称賛し、「汝には私の心がわかるだろう？」などと愛猫に話しかけたりしています。最近はブログに愛猫記を綴る人が大勢いますが、1100年以上も前に猫日記の先輩がいたのです。

平安貴族の生活にネコが溶け込んでいたことは『源氏物語』や『枕草子』などの記述からもわかります。『源氏物語』若菜の巻（上下）では、源氏に嫁いだ女三《おんなさん》宮《のみや》と、彼女を恋い慕っていた柏木《かしわぎ》を結びつける重要な役割りで小さな唐猫が登場します。柏木はネコに導かれるようにし

河鍋暁斎「猫と鼠」　三日月に向かって得意げに獲物を掲げるネコ。中国大陸から連れてこられたのも、この「ネズミ獲り」の才能を見込まれてのことでした。（財団法人 河鍋暁斎記念美術館所蔵）

歌川広重「名所江戸百景 浅草田甫酉（たんぼとり）の町詣」
格子に障子戸、手拭い、遠くの富士山に雁の群れ、そして外を眺める尾の丸い斑ネコ。これぞ日本の風景です。
（国立国会図書館所蔵）

て女三宮への思いを募らせ、密通に至り、ついには若死してしまいます。柏木のネコの可愛がり方や人々のネコ談義からは、貴族の間では当時からネコが愛玩動物として親しまれていた様子がうかがえます。

猫又の怪異譚や化け猫伝説も生まれる

鎌倉時代にも仏教の留学僧らが多くの書物を中国から持ち帰りました。貴重な書物や食物をネズミから守るため、長い船旅にネコは欠かせず、この時代にも多くのネコが中国から日本へ渡ってきています。しっぽの短い三毛ネコももとは中国のネコでした。

貴族以外の人々にもネコの飼育が広がっていきましたが、ペットのような感覚ではなく、ネズミを獲る家畜としての扱いがほとんどだったはずです。

また、ネコの愛らしさの反面にある神秘性やネズミを食い殺す残虐性は、さまざまな怪異譚や怪猫伝説を生んでいます。

鎌倉時代末期の『徒然草』には、「奥山に猫またといふものありて、人を食ふなると人の言ひけるに……」と「猫又」

の話が登場し、藤原定家の『明月記』にも南都（奈良）で猫又が一晩で数人の人間を食い殺したという記述が見られます。

猫又とは「毛が黄色や黒のネコが年老いるとしっぽが二つに裂けて“猫又”という化け物（あるいは老婆）になる」という伝説で、江戸時代にも猫又を素材にした講談本や絵草紙（絵入り読み物）が数多く残されています。

化け猫伝説は各地に見られ、化け猫の予兆として「行灯の油をなめる」とか、「12年生きると化け猫になる」「老ネコは人間のことばを話すようになる」などのほか、「年老いた三毛ネコに踊りをおどらせると化ける」というのもあり、ネコが歌ったり踊ったりしても人に言ってはいけない、言えば食い殺されると言い伝えられていたそうです。

飼い主の怨念や祟りが化け猫を生むという話も多く、「鍋島の化け猫騒動」といわれる鍋島藩（佐賀）の怪異譚はのちに芝居や“化け猫映画”のモデルにもなり、日本の怪談の1ジャンルとして「化け猫物」が定着しました。

庶民の生活になじみ多くのことわざにも

江戸時代には庶民の暮らしにネコが完全に溶け込み、浮世絵にも数多く描かれています。現在の日本ネコの形は江戸時代に固定されたとされ、広重の描くネコの後ろ姿（165ページ）や日光東照宮の「眠り猫」（左甚五郎作）は日本ネコの典型を示している例です。

また庶民の間では、猫又伝説の影響で尾の長いネコより尾の短いネコが好まれていました。しっぽが丸く短い日本ネコは、第二次大戦後、アメリカで「ジャパニーズ・ボブテイル」として品種固定され、欧米の愛猫家に人気です。

ネコが江戸庶民の暮らしにいかに密着していたかは、ネコにまつわることわざが多く生まれていることでもわかります。歌川国芳の浮世絵「たとえ尽《つくし》の内」（右ページ）はネコのことわざを描いた連作で、ここでは「ネコにかつお節」（過ちを犯しやすい油断ならない状態のこと）、「ネコを被る」（本性を隠して知らんぷりしてい

葛飾北斎「三体画譜」北斎得意のスケッチで、真ん中のネコはアワビ貝の食器が空なので、食事後の昼寝のよう。みな布製の首輪をしているので飼いネコとわかります。（墨田区所蔵）

ること)、「ネコの尻に才鎚《さいづち》」(寸法が合わずに釣り合いがとれないこと)、「ネコに小判」(価値のわからない者に貴重なものを与えても無意味なこと）が尾の短いネコで描かれています。

葛飾北斎の「三体画譜」には、アワビ貝の殻を前に昼寝するネコが描かれています（左ページ)。江戸時代の初め頃からネコの食器にはアワビ貝を使うものと決まっていたそうで、江戸城の大奥ではアワビ貝の形の陶器を作らせて食器にしていた記録もあるそうです。

明治、昭和、平成と世は変わっても、ネコはいつも私たちのそばにいました。かつてシャムネコの一時の流行はあったものの、イヌほど品種の流行があるわけではなく、品種にこだわる飼い方もしないのが一般的です（ある新聞社による品種の人気投票でも１位は「日本ネコ」でした)。品種や外見ではなく“飼ったそのネコ”に愛着を持つのが、日本人の昔からのネコとの付き合い方なのです。

歌川国芳「たとえ尽の内」無類のネコ好きだった国芳の猫絵の一つ。「猫にかつお節（右上)、猫の尻に才鎚（右下)、猫を被る（左上)、猫に小判（左下)」のことわざ集になっています。

いつもネコがいた

You were always there

ネコを愛し、ネコに愛された作家やアーティスト
かれらが残した本もまた、ネコの世界の魅力を広げてくれます

『猫にかまけて』

町田康　講談社刊／エッセイ

野良ネコの子や、可哀想なネコを見るとつい家に連れ帰ってしまうという小説家の"ネコまみれ"の日々を綴るエッセイ。ネコが増えたため伊豆に引っ越したという町田家では、ゲンゾー、ヘッケ、ココアなど、他のネコのことなどおかまいなしで個性を発揮するネコたちが今日も大暴れ。町田夫妻のネコに注ぐやさしさにもグッとくること必至。

『猫だましい』

河合隼雄　新潮社刊／評論

心理療法家の著者が、古今東西のネコの物語を楽しく解読。「長靴をはいた猫」から宮沢賢治の童話、日本の民話や怪猫伝説、ポール・ギャリコにJ・ジョイス、絵本や少女マンガ『綿の国星』の世界まで、縦横に語りながら、じつはネコを通した人の幸福の本質にも迫っていきます。巻末には解説に代わり大島弓子さんの感想マンガが付いています。

『猫鳴り』

沼田まほかる　双葉社刊／小説

「猫鳴り」とはネコのゴロゴロ音を作者が名付けたことば。子どもを流産した夫婦のもとに現れる子ネコ、心に闇を抱えた少年が出会うネコ、妻に先立たれた孤独な老人が看取ろうとしている老ネコ。これらの3部作が一頭のネコを通して描かれ、とくに3部は最期のときを静かに受け入れようとするネコの姿に感銘を受けること必至です。

『作家の猫』

コロナ・ブックス編集部　平凡社刊／文芸アルバム

南方熊楠、谷崎潤一郎、大佛次郎、稲垣足穂、幸田文、田村隆一、三島由紀夫、開高健……あの作家もこの作家も、愛猫の前ではデレデレにこにこです。ネコの前ではなぜか無防備に素の姿をさらしてしまうのが、ネコに惚れた人間共通の弱点なのかも。火鉢にあたる室生犀星のネコなど写真がみな猛烈に魅力的。表紙は中島らもさんの「とらちゃん」。

『猫の本 藤田嗣治画文集』

藤田嗣治　講談社刊／画集

エコール・ド・パリの巨匠フジタが描いたネコの絵ばかりを集めた初めての画集。裸婦のそばで遊ぶネコ、ちょっといじわるそうな顔の少女に抱かれたネコ、フジタの肩に乗ったネコなど130点余りを収録。ネコの毛の柔らかさや温かさまで伝わってくる素描も素敵です。ネコ好きなら１点でもいいから本物が欲しくなる贅沢な画集です。

『THE SILENT MIAOW』

文：ポール・ギャリコ　写真：スザンヌ・サース　Crown 刊／洋書

ある日編集者に届いた分厚い原稿。じつはこれはネコがネコの仲間のために書いた「人間の家を乗っ取る方法」で……というネコの視点で書かれたユニークな本。作者はネコの小説でも知られるポール・ギャリコ。その楽しい語り口が原文で読めなくても、ツィツァという主人公のネコの写真が素晴らしく、それだけでも楽しめる一冊です。

『百万回生きたねこ』

佐野洋子　講談社刊／絵本

子どもたちに一度は読んでほしいロングセラーの絵本。100万回死んで100万回生まれ変わったトラネコは、死ぬのなんて全然平気でした。しかし飼い主を離れ、誰のネコでもない野良ネコとなったある日、白いネコに恋をして、やがて生まれて初めて涙を流すのです。人はみな愛する者に出会うために生きることを教える、永遠の一冊。

ネコに聞きたい

15の?ぎもん

なぜこうなるの？　ホントはどうなの？
ふだんの生活で飼い主さんが抱く
さまざまな疑問にお答えします。

Q.1

床に新聞を広げていると、
必ずやってきて
その上に座るのはなぜ?
読めなくて困るんですけど。

A. 飼い主の視界に入って気を引こうとしているのでしょう。「ヒマならあたしをかまったらどう？」とさりげなくアピールしているのです。また紙の感触が好きで、床に紙が落ちていればとりあえず上に乗ってみるというネコもいます。

Q.2

姿見の前に連れていくと、
鏡から目をそむけて、
見るのをいやがります。
鏡の中の自分はネコには
どう見えているのでしょう?

A. 自意識過剰ではなく、照れ屋さんなのかもしれませんね。実際には鏡の中のネコを「自分だ」と認識することはありません。動物がいるというのはわかっているようで、目をそむけるのは「かかわりたくない」という表れでしょう。好奇心旺盛な若いネコだと、鏡の自分にパンチを出したり飛びかかったりすることもあり、鏡の裏に回って何度も確認するネコもいます。智恵をつけた老ネコともなれば、鏡の内容も理解しているようで、別段反応を見せなくなります。

Q.3

**テレビでサッカーが始まると
画面の前に陣取り、
前足で夢中でボールを追っかけます。
そんなにサッカーが好きなんでしょうか？**

A. １歳未満の若いネコは、テレビのサッカーや野鳥の映像に夢中になることがあります。あと狩猟本能の強い個体だとよく追う傾向にあります。サッカーを同じ狩猟民族のスポーツとして愛しているわけではなく、ただ動くものが面白くて追っているのです。ある時期がくると興味を示さなくなるのが普通です。

Q.4

**子ネコのとき、食事のたびに
「ごはんだよ、ごはんだよ」
と言っていたら、
「ニョハン」「ゴハン」と
言うようになりました。
1歳頃から言わなくなりましたが、
ひょっとしてネコも
ことばを覚えるのでは？**

A.「おかえり」と言って飼い主を出迎えるネコもいるので（「しゃべるねこ、しおちゃん」という黒ネコは、動画や本で有名に）、ネコが“人間のことば風”にしゃべる（鳴く）ことは珍しくありません。子ネコのうちから飼い主がよく話しかけ、鳴き声にもことばでよく反応してやると、ネコもさまざまな返事をするようになります。意思表示がされたと思えたなら、それが言語・猫語なのだとも言えます。「しおちゃん」などの例を見ると、高い鳴き声を出すネコのほうがしゃべる素質がありそうです。

Q.5

**実家の母が来ると、
よく冷蔵庫の上から肩に
飛び乗って驚かせています。
いつか母が
心臓マヒを起こすのではと
心配になるのですが。**

A. ネコは上下運動を好み、“飛びかかり”も遊びの一種です。この場合はお母様のきゃあ！　と驚く反応を楽しんでいる可能性がありますね。飼い主さんは慣れてしまって驚かないのでつまらないのでしょう。若く活発なネコだとやめさせるのはむずかしいですが、心配ならお母様に「冷蔵庫の前には絶対立たないで」とお願いしてみてはいかがでしょうか。

Q.6

うちのネコは来客があると、
そっとそばに来て座り、
大人しく話を聞いていますが、
なんのつもりなんでしょう?

A. 立ち聞きというか理解しているフリをして、なごやかな雰囲気かチェックしているのです。飼い主が女性の場合、へんなことをされないかさりげなく見守っていることもあります。シークレットサービスのつもりなのかも。客が親しい間柄であれば、いち早く平和な空気を嗅ぎつけて、居心地のよさを自分も満喫しにきているのだと思います。それに接客でエアコンを付けていれば部屋も快適なはずですから。

Q.7

毛づくろいが好きで
しょっちゅう体をナメていますが、
ヘアボール(毛玉)を吐いたのを
見たことがありません。
おなかに毛がたまっても大丈夫なの?

A. ネコがみんなヘアボールを吐くわけではありません。全然吐かないネコもいます。たまった毛は、吐かなくても便として自然に排泄されます。気になるなら便をときどきチェックしてみてください。ネコも毛がたまると胃酸が出て胃もたれを感じるようで、自分で草を食べて毛を吐きやすくすることがあります。市販のネコ草などイネ科の植物を置いてみるのもいいでしょう。

Q.8

ごはんのとき、いつも
せっかちにガツガツ食べます。
魚でも鶏のささみでも
ろくに噛まずに丸飲みし、
水はあまり飲みません。
消化に悪くないのでしょうか?

A. 丸飲みはネコ本来の食べ方なので問題ありません。野生のときは、獲物を捕らえると飲み込みやすい大きさに引き裂き、そのまま丸飲みしていました。ネコの歯はみな尖っており、食べものをすりつぶすための臼歯はありません。ドライフードはカリカリ音がするので噛んでいるように見えますが、飲み込みやすく砕いているだけで、吐いたときに見るとフードの形がそのまま残っています。またウエットタイプのフードや生の素材には水分が多い(ネコ缶の水分含有量は70~80%)ので、さほど水を飲まなくても平気です。

Q.9 ネコを飼っている近所のおばあちゃんは、「うちのコにはなまり節しかあげない」と言っています。ネコは太っていますが、同じものばかり食べさせていて栄養不足や病気にならないのでしょうか？

A. イエネコは肉食といえども雑食でもあります。一定の動物たんぱく質だけでは偏食になります。なまり節（カツオの身をゆでるか蒸したもの）はたいていのネコが好む高たんぱく質食品ですが、それだけだとビタミンB群などの不足が生じます。おばあちゃんには、「総合栄養食」の表示のあるキャットフードを併用することを、やんわりすすめてみてください。ネコも人もずいぶん食生活は変化しました。昔はネコまんまだけ与えていたのが普通なので、エラそうなことは言えませんね。

Q.10 室内飼いのメス（避妊前）が発情して鳴く時期になると、玄関の外にネコのオシッコ跡がつけられ、クサイです。オスネコは遠くからわざわざやってくるのですか？

A. オスは発情期のメスのにおいを数百メートル先でも嗅ぎつけるそうです。もちろんオシッコは「オレさまが来たぜ」というしるしで、オスのマーキングです。とてもクサイですが、熱湯をかけるとにおいがとれます。玄関ドアにしていくあたりは気が利いていますが、もう、こういう行動は誰にも止められません。

Q.11

イヌは
ストレスを受けたりすると
自分のうんちを食べる
という話を聞いて
ショックを受けました。
まさかネコはそんなこと
しませんよね？

A. いわゆる食糞は若いイヌに見られます。カルシウム不足からという報告もあります。ネコはまず食べないのでご安心を。なにしろ砂をかけて隠すくらいなので、口にするモノではないし、おいしくないと認識しているのでしょう。ただ排便後よくお尻をナメるので、不衛生という認識はないようです。

Q.12

寒い時期になると、
保温中の電気炊飯器の上や、
ファンヒーターの上からどきません。
低温ヤケドが心配ですが大丈夫なの？

A. いままでなんともないのであれば、ヤケドはしない温度なのでしょう。ただ、ネコはじんわり熱くなる温度変化に対しては鈍感といわれています。人用のアンカにくっついていて低温ヤケドする例や、高温になったコタツの中から出られず、熱中症のようになる例もあります。ストーブに近づきすぎて、しっぽを焦がしたりヤケドをすることもあるので、暖房器具にはくれぐれも注意が必要です。寒がりなら、寝床やネコハウスにフリースを敷き詰めたり、湯たんぽを用意したり、ペット用ヒーターを利用する手もあります。

Q.13

冬や春先、必ず家族の誰かがカゼをひきます。
そのままネコを抱っこしたりしていますが、
せき、クシャミなどから人のカゼが
ネコにうつることはないのでしょうか？

A. 人とネコの間でカゼがうつることはありません。ネコがかかる「ネコカゼ」は、人のカゼとはまったく異なるウイルスが原因となる感染症で、ネコから人にうつることもありません。ただし、ネコに向かってクシャミなどするのは控えてくださいね。

Q.14

ネコは掃除機の音を嫌うそうですが、うちのネコは背中やおなかに掃除機をかけられるのが好きで、ゴロンと横になり、「吸って、吸って」とねだります。騒音は平気なんでしょうか？

A. 掃除機で吸われる感覚が、体をさすったりなでてもらう感覚に通じて気持ちいいのでしょう。珍しいケースですが、ごくまれにそのようなネコはいます。ただデリケートな頭部やしっぽは吸引しないよう十分気をつけてください。普通は掃除機の音をいやがりますが、ネコは騒音にも慣れると不要な雑音はカットして“聞こえていない”状態になるらしく、工場の騒音の中で平気なネコもいます。

Q.15

1歳半になるのに、寝床に入ってきては私の指をチュウチュウ吸いながら寝ます。指先はよだれでべとべとです。これも愛情表現なのでしょうか？

A. 飼い主の指先は母ネコのオッパイの代わりで、お乳を飲んでいる気分で安心して眠りたいのでしょう。離乳の時期が早かったネコによく見られるクセで、眠くなると飼い主の手のひらやくちびるに吸い付くネコもいます。オッパイが恋しいのは乳離れしそこねた人間のオスと同じですが、ネコは自然とやらなくなります。

監修者　野澤延行（のざわ・のぶゆき）

1955年東京生まれ。獣医師。北里大学畜産学部獣医学科卒業。生まれ育った西日暮里で動物・野澤クリニックを開業。近所の谷中などで野良ネコ問題にも取り組む。著書に『獣医さんのモンゴル騎行』（山と渓谷社）、『ネコと暮らせば』（集英社）、『ネコと話そう』（マガジン・マガジン）などがある。

STAFF
アートディレクション・デザイン　吉池康二（アトズ）
写真　間部百合
イラストレーション　NORITAKE
構成・執筆　宮下　真（オフィスM2）

協力　石井芳征
梅原　誠
梅原真由美
小林貞子

写真協力　OADIS

共に暮らすためのやさしい提案
猫語の教科書

監修者　野澤延行
発行者　池田　豊
印刷所　日経印刷株式会社
製本所　日経印刷株式会社
発行所　株式会社池田書店
東京都新宿区弁天町43番地（〒162-0851）
電話03-3267-6821（代）／振替00120-9-60072
落丁、乱丁はお取り替えいたします。

ISBN978-4-262-13130-6

1201104